· 中华书局 ·
上海聚珍出品

中华
经典通识

《周髀算经》通识

江晓原——著

中华书局

图书在版编目（CIP）数据

《周髀算经》通识/江晓原著. —北京:中华书局,2025.6. —（中华经典通识/陈引驰主编）. —ISBN 978-7-101-17231-7

Ⅰ.O112;P1-092

中国国家版本馆 CIP 数据核字第 2025C0E290 号

《周髀算经》通识

著　　者	江晓原	
丛 书 名	中华经典通识	
主　　编	陈引驰	
丛书策划	贾雪飞	
责任编辑	董洪波	
装帧设计	毛　淳	
责任印制	管　斌	
出版发行	中华书局	

（北京市丰台区太平桥西里 38 号　100073）

http://www.zhbc.com.cn

E-mail:zhbc@zhbc.com.cn

印　　刷	天津裕同印刷有限公司
版　　次	2025 年 6 月第 1 版
	2025 年 6 月第 1 次印刷
规　　格	开本/880×1230 毫米　1/32
	印张 6½　字数 100 千字
印　　数	1-3000 册
国际书号	ISBN 978-7-101-17231-7
定　　价	58.00 元

编者的话

经典常读常新，一代有一代的思想，一代有一代的解读。"中华经典通识"系列丛书，邀请当今造诣精深的中青年学者，为读者朋友们讲授通识课。希望通过一本"小书"，轻松简明地讲透一部中华传统经典。

本系列丛书由复旦大学陈引驰教授主编，每本书的作者都是该领域的名家，他们既有深厚的学养，又长于深入浅出，融会贯通。每本书都选配了大量相关的图片，图文相生，能增强阅读的趣味性。

希望这套丛书，能成为人们了解中华传统文化的可靠津梁。

目　录

《周髀算经》何以独特

　　《周髀算经》，从古代中国天学史或文化史而言，都是一部奇书、谜书。作为自成体系且以完备面目呈现的数理天文学专著，《周髀算经》几乎可以说是古代中国唯一的一部；与中国历史上其他传世的天学著作相比，它也极可能是最早的一部——即使不考虑书中所托引的遥远年代，仍是如此。

　　千百年来，学者们对《周髀算经》作了大量注释、猜测、考证和研究，众说纷纭，各有异同。直到如今，对于治古代科学史和文化史的人来说，《周髀算经》仍是一部难读之书，然而同时又是一部不可不读之书——因为《周髀算经》在中国典籍中极为独特，是一部独一无二的神秘之书。

　　虽然古代世界各个文明几乎有着共同的"天文学基本问题"——计算出在任意给定的时间和地点所见的太阳、月亮、五大行星在天球上的位置，但是如何解决这个问题，思路有很

《周髀算经》通识

周髀题辭

始讀周髀輒駭其艱怪及再一尋討不過乘方
圓參兩以生勾股遂至于算數所不可及蓋亦
因天地自然之數耳故其書稱榮方學于陳子
至畢思驚神卒無所用其智乃知謂天蓋高固
可坐而定者不誣也然周髀率以表影一寸度
爲千里按本淳風所引宋元嘉十九年測影于
交州夏至日影在表南三寸二分共得一尺八
十二分洛去交一萬一千里是不及六百里一

周髀题辞

明崇祯时期汲古阁刊本

大的不同。

古希腊人的思路是建构一个几何模型，比如托勒密的地心模型，通过数学演绎来"运行"，让模型表现出天体的运行情况，以此来解决上面的基本问题。后来阿拉伯人的改进模型，乃至哥白尼的日心模型，思路都和古希腊人一样。

但是古代中国人的思路，是进行数值计算，完全不考虑几何模型。我们通过持续观测，精确掌握了太阳、月亮、五大行星的"会合周期"——就是上述七个天体中的每个天体，两次到达天球上同一位置的时间间隔。掌握了会合周期的精确长度，以及一个周期内该天体的运行变化，就可以通过会合周期的叠加，来解算

马王堆出土帛书《五星占》

湖南博物院藏。展示出秦汉之际人们对五星会合周期的认识。

任意时刻的天体位置。

中国古代天学家的这种思路，使用起来和古希腊的几何模型同样有效。所以古代中国人从不建构宇宙的几何模型，因为没有必要。

然而《周髀算经》是古代中国唯一的例外——它采用了和

古希腊人同样的思路，建构出了一个纯粹的几何模型，并且尝试用这个模型来说明一些我们日常见到的天象（例如太阳的周年视运动）。

《周髀算经》的宇宙几何模型，在实际应用中的效果，以及它本身的完成度，确实都不如古希腊托勒密的模型。但是托勒密是集前人工作之大成，才达到《至大论》中的高度。在托勒密之前，古希腊人也建构过一系列不很成功的几何模型。而《周髀算经》在古代中国，却是唯一的一次宇宙几何模型的建构尝试——可以说它是刚一诞生就成绝响，根本没有机会逐渐完善。

为什么《周髀算经》的几何模型传统在中国古代后继无人？原因也很容

手持浑天球仪模型的托勒密

巴黎卢浮宫藏

易理解——因为古代中国人习惯用数值计算来解决古代世界的天文学基本问题，所以《周髀算经》所体现的几何模型方法，在古代中国天学中好比屠龙之技——虽不失为高妙，却终是无所用之，也就是找不到"应用场景"，因而也就缺乏机会和资源来完善了。

对于今日的读者来说，《周髀算经》之所以难读，不在数学，而在天文，还在语文。《周髀算经》中的数学非常初级，没有超出四则运算，书中最高端的数学内容，也只是勾股定理。

但是《周髀算经》贯穿全书的古代天文学内容，形成了非常冷僻的专业门槛，给现代读者造成了巨大的阅读困难。

另一重困难则来自《周髀算经》的文本——《周髀算经》不是文史著作，它的作者从不关心"言之无文"的问题，从不关心文本的阅读趣味问题。它通篇充斥着两千多年前天学家们的"学术黑话"，那些黑话枯燥乏味，不知所云，只在通常是世袭的天学家小圈子里父子相传，师徒相授。相信在《周髀算经》问世之后的两千多年间，它那"不说人话"的文本曾经吓跑过无数读者。

笔者希望，下面的文本，不会将已拿起这本《〈周髀算经〉通识》的读者吓跑——因为笔者向来讨厌任何形式的学术黑话，再复杂、再抽象的问题，也一定努力用大白话将它们讲清楚。笔者下面的努力成不成功，则只能由有耐心的读者来评判了。

1 《周髀算经》的结构与内容

《周髀算经》全书可分为 17 节（*本书附录的原文和白话译文每节开始都在括号中标明序数*），这 17 节又可分为两大部分。

第一部分篇幅甚短，仅为卷上开首的第（1）节。内容为周公与商高的对话，商高向周公介绍了勾股定理在勾三、股四、弦五时的特例，以及这一定理在实际测量中的广泛应用。这一部分既是全书以下部分所涉及的各种测量的理论依据，同时也是全书相对而言较为独立的部分。

第二大部分包括了全书其余的 16 节，形式上是荣方与陈子的对话，陈子向荣方叙述整个盖天学说。这又可以被分成一些节群，依顺序略述如次：

《周髀算经》卷首

以钦若昊天恭授民时爽以暗蔽才学浅昧鄙
高山之仰止慕景行之轨辙负薪馀日聊观周
髀其言约而远其言曲而中将恐废替濡滞不
遍使谈天者无所取则辄依经为图诚冀颓毁
重仞之墙披露堂室之奥庶博物君子时迥思
焉

周髀算经卷上

汉　赵　君卿　注

北周汉中郡守前司隶臣甄鸾重述

唐朝议大夫行太史令上轻车都尉臣李淳风等奉敕注释

明　毛　　校

晋

昔者周公问于商高曰窃闻乎大夫善数也

周公姓姬名旦武王之弟商高周时贤大夫

善算者也周公位居冢宰德则至高尚自甲

日经文也

《周髀算经》卷首

明崇祯时期汲古阁刊本

　　第（2）节，陈子开始讲述盖天学说之前的序幕或开场白，这一节里陈子反复向荣方强调类推的重要意义。

　　第（3）（4）节，建立盖天数理宇宙模型，包括天地形状、总尺度等。并表明这一模型可以根据用周髀（八尺之表）所进行的一些基本测量而建立起来。

　　第（5）（6）节，讲述七衡六间体系及其结构与数据。

至此卷上终了，卷下接着讲述下去。从文本上看，上、下卷之间并无什么内容或结构上的分卷依据，估计大体上只是前贤考虑到全书篇幅而分的。

第（7）节，用盖天模型说明昼夜成因。

第（8）节，专论通过夜间观测北极星而确定"北极璇玑"的尺度。

第（9）节，用盖天模型说明季节成因及大地上南北寒暑之异。

第（10）节，通过测量二十八宿建立天球上的地平坐标系统。

第（11）（12）（13）节，在盖天模型中讨论太阳的周年视运动。包括利用地平坐标描述太阳升落方位的周年变化、通过七衡六间体系计算两分两至点距北极的距离，以及二十四节气的周髀晷影变化。

第（14）节，专论月球运动。

第（15）节，用八卦方位描述太阳升落方位的周年变化。

第（16）节，介绍一些能作为基本天文数据的公倍数的长周期。

第（17）节，讲述盖天学说中的一些基本天文数据，如回归年长度、朔望月日数等，是如何通过观测计算而得到的。

2 《周髀算经》的成书年代

《周髀算经》开首处的周公与商高对话，曾使许多好古崇古之人相信，此书的历史可以追溯到商周之际（约公元前 11 世纪）。清代复古之风炽盛的时期，《御制数理精蕴》就将周公、商高对话视为"成周六艺之遗文"（见附录 2），有的现代学者也相信这种说法，比如陈遵妫（文献 19，页 109。文献序号为本书"参考文献及述评"中所列文献的序号）。但实际上周公、商高与荣方、陈子之类都只是托引，这种托引古人对话以陈述自己观点的做法，在战国秦汉间著作中极为常见，可以说是那个时代流行的行文方式或修辞手段。故《周髀算经》的成书不可能早至商周之际。

《御制数理精蕴》书影

清康熙年间内府铜活字本，故宫博物院藏。

　　托引古人对话既是战国秦汉间著作的习惯做法，则《周髀算经》中周公、商高与荣方、陈子诸人物的出现，反过来倒能提示其真实的成书年代线索。从文字风格上看，《周髀算经》也很像战国秦汉间的作品，与古奥的周代遗文（如《尚书》中所见的某些篇章）相去甚远。

　　钱宝琮曾考证《周髀算经》的成书年代。他的方法是，将《周髀算经》与《淮南子·天文训》及刘歆的《三统历谱》（见《汉书·律历志》）进行比较；由于后两者的成书年代是确定无疑的——《淮南子》成书于西汉初年，《三统历谱》成于西汉末，就有可能通过比较有关内容的相互异同，而推断前者的成书年代。钱宝琮发现如下六条证据：

周公像

宋人《八相图》，故宫博物院藏。

1.《周髀算经》与《淮南子·天文训》都论述"天圆地方"。

2.《周髀算经》与《淮南子·天文训》都有"日影千里差一寸"之说。

3.《周髀算经》与《淮南子·天文训》都有利用表竿测量日出日入方位以确定东西南北准确方向的方案。

4. 关于太阳在冬至、夏至、春分、秋分四时刻于恒星间所处的位置，《周髀算经》所载依次为牵牛、东井、娄、角四宿，与《三统历谱》相符，而《淮南子·天文训》所载则不同。以岁差原理推算之，发现《淮南子·天文训》所载在年代上略早。

5.《周髀算经》与《淮南子·天文训》在二十四节气及晷影推算方面，都不精确。

6.《周髀算经》分一日为十二时，以地支纪之，称时则曰"日加某支"，这种称呼方法与《三统历谱》相同，而在《淮南子》《吕氏春秋》《史记·历书》等书中都还未曾出现过。

据以上所述证据，钱宝琮得到结论：

> 余考《周髀》所详天体论、测望、星象、历法诸大端，多与《淮南子·天文训》相近。撰书时代当为略后，而相去不远。（文献9）

清刻本《淮南子·天文训》书影

也就是说，《周髀算经》约成书于公元前100年左右。这是目前较为可信的结论。

此外，也有将成书年代定得更早的，比如李俨、陈遵妫倾向于认为《周髀算经》"约为战国前著作"（文献19），但证据不够充分。

在谈论古籍的成书年代时，有一点必须特别注意，即一部古籍的成书年代是一回事，而书中的内容出于什么年代又是另一回事——比如《周髀算经》中的天文、数学知识完全有可能来自更早的年代。

举例来说，《周髀算经》中出现了勾三、股四、弦五的勾股定理特例，但我们并不能由此推断说，中国人直到《周髀算经》成书时才刚刚认识到这一特例。这一特例完全有可能在此前很早就已被认识到了。对于《周髀算经》中的许多天文学说及测量技巧，也可作如是观。至于《周髀算经》中的天文、数学知识究竟是什么时代的产物，则必须依靠其他方面的史料来进行考证和推测。这牵涉到广泛的科学和文化历史背景，不是仅据《周髀算经》传世文本所能完成的。

3 《周髀算经》的版本源流及校勘注释

《周髀算经》一书，在中国现存最早的书目《汉书·艺文

志》中并未出现，但这显然
并不足以证明当班固写《汉
书》时还没有这部书。现存
年代确切可考而在班固之前
的古籍，不见于《汉书·艺
文志》著录的例子不一而
足。事实上，班固当然不可
能将当时天下书籍收录到一
无遗漏的地步。

清人绘蔡邕像

现在所见关于《周髀算经》其书的最早记载，在《宋
书·天文志》所引东汉灵帝时大学问家蔡邕的上书：

论天体者三家：宣夜之学，绝无师法。《周髀》术数具存，
考验天状，多所违失。惟浑天仅得其情。

可见在东汉时，《周髀算经》已作为盖天学说的著作流行
于世。

　　《周髀算经》原名《周髀》。它在唐代以前的流传情形，现在只能借助于史志书目来了解。《隋书·经籍志》著录有如下三种：

　　《周髀》一卷（赵婴注）
　　《周髀》一卷（甄鸾重述）
　　《周髀图》一卷

　　而在《新唐书·艺文志》中则有：

　　赵婴注《周髀》一卷
　　甄鸾注《周髀》一卷
　　李淳风释《周髀》二卷

　　唐代朝廷在国子监设立"算学"课程，所选用的教材有十部算经，即著名的"算经十书"，《周髀》作为其中之一，从此也就改名为《周髀算经》。

　　现在传世的《周髀算经》文本中附有赵爽、甄鸾、李淳风三家注释，这可能是上述《新唐书·艺文志》所著录的三种著作结合而成。

关于注者"赵婴"与"赵爽"是否为同一人，历来有一些争议。从已有的各种证据来看，还是以理解为同一人较为稳妥。此外又有"赵爽"与"赵君卿"是否为同一人的问题。在传世《周髀算经》序言中，署名"赵君卿"，而在正文的注释中，注释者总是自称"爽"；然而在序言中也曾出现过"爽以暗蔽"的话，看来赵爽与赵君卿应是同一人——姓赵，名爽，字君卿。

赵爽是什么时代的人，也有问题。明刊本《周髀算经》卷首题"汉赵君卿注"，据此则赵爽似为汉代人；然而赵爽在注文中提到《乾象历》，而《乾象历》系由东汉末年时人刘洪于

《周髀算经》内页赵爽注示例

明崇祯时期汲古阁刊本

206 年撰成，于 223—280 年间由三国东吴政权颁行使用，这样赵爽最早也只能是东汉末至三国之际人。此外对于赵爽的生平履历和生卒年代等情况，学者们至今未能确切考证出来。

关于赵爽对《周髀算经》所做的注释工作，钱宝琮有过非常确切的评述：

> 赵爽对于《周髀》原著作了忠实的注解，并且援引了《淮南子·天文训》、张衡《灵宪》、刘洪《乾象历》，以及《易·乾凿度》《河图·括地象》《尚书·考灵曜》等纬书来证实《周髀》的说法。赵爽补绘了"日高图"和"七衡图"，并加以说明，使《周髀》作者的盖天说昭然若揭，这对于后世的读者是大有裨益的。赵爽又撰"勾股圆方图说"一篇附于《周髀》首章的注中。在这短短五百余字的文章中，勾股定理，关于勾、股、弦的几个关系式，以及二次方程解法都得到了几何证明（文献 1，页 5—6）。

确实，在《周髀算经》传世文本的赵爽、甄鸾、李淳风三家注中，无疑要数赵爽注贡献最大——赵爽注以阐明原著学说之本义为目的，而甄鸾注仅为补充算草，李淳风注则重在批评原著的错误不足之处（况且有些批评也并不完全正确）。

甄鸾字叔遵，仕于北周，官至司隶校尉、汉中太守。原为道教徒，后来叛道而皈依佛门，卷入当时佛、道两教的激烈争论中，作有著名的《笑道论》，攻击道教甚力。但其人同时又是具有相当

《周髀算经》内页甄鸾、李淳风注示例
明崇祯时期汲古阁刊本

造诣的天算学家，曾撰《七曜本起》三卷，已佚失；又曾编制《天和历》（又名《甲寅元历》），于北周天和元年（566 年）颁行。他对《周髀算经》所作的注，几乎全是对原书中数学计算补充运算过程。

《周髀算经》原书中所涉及的数学运算，不外加减乘除四

则运算（多用分数形式），这些如改用现代的数学表达方式，并无深奥复杂之处。但甄鸾的注文纯用文字表达，极为繁琐冗长，令人难以卒读。而且还弄出不少错误，更与他的天算家的名声不大相称。故甄鸾的注文到今天已经没有多少价值了。

李淳风像

李淳风（602—670），为中国历史上最著名的天学家和星占学家之一。他曾于贞观七年（633年）造成新的浑仪，有许多革新与创造，并撰《法象志》七篇评论前代浑仪得失。贞观十五年（641年）李淳风任太史丞，七年后升为太史令，在此期间他为《晋书》和《隋书》撰写了《天文志》和《律历志》，又造《麟德历》，于麟德二年（665年）颁行。此外他的《乙巳占》一书是中国古代最重要的星占学专著之一。

李淳风又曾会同梁述、王真儒等人注释《算经十书》——对《周髀算经》的注释就是这项工作的一部分。李淳风对《周髀算经》的注释，主要是试图对原书及赵爽注中的错误之处进行纠正，他的意见大部分是正确的，有些不足之处尽管以现代眼光来看不可取，但对于古人来说却也不宜苛责过甚。

《周髀算经》自唐代归入《算经十书》之后，流传渐广。至北宋元丰七年（1084 年），秘书省刊刻《算经十书》。这个刻本又在南宋嘉定六年（1213 年）由鲍澣之翻刻。

明代刻印丛书成为风气。万历年间胡震亨刻《秘册汇函》，收入《周髀算经》，在赵爽、甄鸾和李淳风三家注外，又加入唐寅注。但唐寅注量既很少，质也不高，没有什么价值。这个版本卷首题有"明赵开美校"，但赵开美当时用什么版本做工作底本，校勘了哪些内容，现在都已不得而知。《秘册汇函》本《周髀算经》现在仍有传世之册，且有新的影印本（上海古籍出版社，1990），但据钱宝琮的意见，这个版本中的错误文字比南宋翻刻本更多（文献 1，页 7），因而算不上善本。

《秘册汇函》本虽非善本，却衍生出传世《周髀算经》版本

（清）方筠《唐六如（即唐寅）先生小像》

中最大的系统。此本问世之后不久，著名的汲古阁主人毛晋刻一部丛书名《津逮秘书》，其中也收入《周髀算经》，只是《秘册汇函》的翻刻本，但将卷首的"明赵开美校"字样改作"明毛晋校"。此后清人所刻的几部丛书，如康熙年间陈梦雷编《古今图书集成》、嘉庆年间张海鹏刻《学津讨原》、光绪年间朱记荣刻《槐庐丛书》，以及近代商务印书馆的《四部丛刊》、中华书局的《四部备要》等，其中收入的《周髀算经》都以赵开美校本为蓝本。

　　清代乾隆年间编《四库全书》，《周髀算经》也在收纳之列，由此产生了一个比较好的版本。《四库全书总目》在《周髀算经》的提要（见附录2）标题下注云："《永乐大典》本"。《永乐大典》为明代初年所编巨型类书，其中许多古籍都是全

《周髀算经》书影

微波榭丛书本

书收入，因而保存宋元版本的古籍甚多。其中的《周髀算经》是什么来源，因《永乐大典》的散佚，已无法考知。但当年四库馆臣们还能得见较为完整的《永乐大典》，因此由四库全书馆的纂修官之一、著名学者戴震参据《永乐大典》本以校订明代刻本，并将明刻本中的唐寅注删除，完成了一个《周髀算经》的新版本，即后来习称的《四库全书》本，或戴震校本。稍后的《武英殿聚珍版丛书》，亦收有《周髀算经》，即据《四库全书》本排印（木活字）。武英殿本后来又有浙江、江西、福建等地的翻印本，以及商务印书馆《丛书集成》中的铅字排印本（1937 年）。

清乾隆三十八年（1773 年）曲阜孔继涵又刊行一种《算经十书》。他在自序中称"今得毛氏汲古阁所藏宋元丰京监本七种"，而《周髀算经》为其中之一，似乎他的《周髀算经》直接来自北宋刻本。但实际上这是孔氏欺人之谈，他所依据的其实还是戴震校本（文献 1，页 8；文献 9，页 121）。孔继涵所刊世称微波榭本，名声颇大，后来翻刻、翻印它的有同治年间梅启照重刻本、光绪年间上海鸿宝斋石印本、刘铎《古今算学丛书》本和商务印书馆《万有文库》本。这仍可归入《四库全书》戴震校本的系统之内。

《周髀算经》的版本，除上述明赵开美校本、清戴震校本两大系统外，南宋翻刻本一脉也不绝如缕。南宋鲍澣之翻刻本到明代晚期仅著名戏曲家李开先家中藏有一部，至清代康熙年间，此本又归于汲古阁主人毛晋之子毛扆。岁月沧桑，几经易主，这部南宋刻本竟至今仍保存于世——现藏上海图书馆。

当年毛扆因见此本古雅精美，乃"求善书者刻画影摹，不

昔者周公問於商高曰竊聞乎大夫善數也請問古者包犧立周天曆度

夫天不可階而升地不可得尺寸而度請問數安從出

商高曰數之法出於圓方圓出於方方出於矩矩出於九九八十一故折矩以為句廣三股脩四……

周髀算經卷上

趙君卿

甄鸞重述

《周髀算经》书影

故宫博物院 1931 年影印本

爽毫末”，复制成一影抄本。这一影抄本后来流入清宫内府，成为天禄琳琅阁藏书之一，也有幸保存至今——现藏故宫博物院。故宫博物院曾于 1931 年影印“天禄琳琅丛书”，其中的《周髀算经》底本即毛扆的影抄宋本。

在所有各种古代版本的基础上，博采众长而成的现代《周髀算经》版本，为钱宝琮校点《算经十书》本，1963 年由中华书局出版。钱宝琮为著名数学史专家，对《周髀算经》一书及书中的盖天学说有过长期而深入的研究。他的校点本中还特别吸收了晚清两位名家在《周髀算经》校勘方面的成果：一是道光年间顾观光所撰《〈周髀算经〉校勘记》，其中对原书中文义难通之处的字句校正了 28 条；二是光绪年间著名经学家、文字学家孙诒让的学术笔记《札迻》卷十一中，对《周髀算经》原文、赵爽注和李淳风注中的 16 条校勘。再加上钱宝琮自己的研究及考证所得，以及早先赵开美、戴震所校，共校勘 140 余处；再将传本插图中与原文及赵爽注不相配合者重新绘制，形成了《周髀算经》迄今最完善的版本。

附录 1：宋鲍澣之《周髀算经》跋

著者按：鲍澣之，字仲祺，南宋括苍人。平日留心数学古籍，广为搜集。嘉定六年（1213 年）他知汀州军州，因北宋元丰七年（1084 年）秘书省刻本《算经十书》到当时已很少见到传本，乃于任上将其翻刻印行。《周髀算经》为《算经十书》之首，鲍澣之为《周髀算经》撰写了一篇跋记，略述此书流传、注释等情况。

《周髀算经》二卷，古盖天之学也。以勾股之法，度天地之高厚，推日月之运行，而得其度数。其书出于商周之间，自周公受之于商高，周人志之，谓之《周髀》，其所从来远矣。《隋书·经籍志》有《周髀》一卷，赵婴注；《周髀》一卷，甄鸾重述。而唐之《艺文志》天文类有赵婴注《周髀》一卷、甄鸾注《周髀》一卷，其历算类仍有李淳风注《周髀算经》二卷，本此一书耳。至于本朝《崇文总目》，与夫《中兴馆阁书目》，皆有《周髀算经》二卷，云赵君卿注、甄鸾重述、李淳风等注释。赵君卿，名爽，君卿其字也。如是，则在唐以前，则有赵婴之注；而本朝以来，则有赵爽之本。所记不同。意者赵婴、赵爽，止是一人，岂其字文相类，转写之误耶？然亦当以隋唐之书为正可也。又《崇文总目》及李籍《周髀音义》，皆云赵君卿不详何代人，今以序文考之，有曰"浑天有《灵宪》之文，盖天有《周髀》之法"。《灵宪》乃张衡之所作，实后汉安顺之世；而甄鸾之重述者，乃是解释君卿之所注，出于宇文周之世。以此推之，则君卿者其亦魏晋之间人乎？若夫乘勾股朱黄之实，立倍差减并之术，以尽开方之妙，百世之下，莫之可易，则君卿者诚算学之宗师也。

嘉定六年癸酉十一月一日丁卯冬至，承议郎、权知汀州军州兼管内劝农事、主管坑冶括苍鲍澣之仲祺谨书。

——录自丛书集成本《周髀算经》，商务印书馆（1937）。

附录 2:《四库全书总目》的《周髀算经》提要

著者按：18 世纪末，清朝政府集中大批人力物力修成《四库全书》，在纂修期间，对采入和未采入《四库全书》的一万余种书籍都分别写有内容提要，后将这些提要分类编排，汇成一书，名为《四库全书总目》。所有这些提要的撰写、统稿和润色，以《四库全书》总纂官纪昀所做工作最多。《周髀算经》收入《四库全书》子部天文算法类。当时盛行自我陶醉的"西学中源说"，因而"提要"对《周髀算经》说了不少虚骄自大之语，这当然不足取。但从研究《周髀算经》的历史角度而言，则仍不失其参考价值。

案《隋书·经籍志》天文类，首列《周髀》一卷，赵婴注；又一卷，甄鸾重述。《唐书·艺文志》，李淳风释《周髀》

二卷，与赵婴、甄鸾之注列之天文类，而历算类中复列李淳风注《周髀算经》二卷，盖一书重出也。

是书内称：周髀长八尺，夏至之日，晷一尺六寸。盖髀者，股也，于周地立八尺之表以为股，其影为勾，故曰周髀。其首章周公与商高问答，实勾股之鼻祖。故《御制数理精蕴》载在卷首而详释之，称为成周六艺之遗文。荣方问于陈子以下，徐光启谓为千古大愚，今详考其文，惟论南北影差以地为平远，复以平远测天，诚为臆说，然与本文已绝不相类，疑后人传说而误入正文者。如《夏小正》之经、传参合，傅崧卿未订以前，使人不能读也。

其本文之广大精微者，皆足以存古法之意，开西法之源。如书内以璇玑一昼夜环绕北极一周而过一度，冬至夜半璇玑起北极下子位，春分夜半起北极左卯位，夏至夜半起北极上午位，秋分夜半起北极右酉位，是为璇玑四游所极，终古不变。以七衡六间测日躔发敛，冬至日在外衡，夏至日在内衡，春秋分在中衡，当其衡为中气，当其间为节气，亦终古不变。

古盖天之学，此其遗法。盖浑天如球，写星象于外，人自天外观天；盖天如笠，写星象于内，人自天内观天。笠形半圆，有如张盖，故称盖天。合地上地下两半圆体，即天体之浑圆矣。其法失传已久，故自汉以迄元、明，皆主浑天。

明万历中，欧逻巴人入中国，始别立新法，号为精密。然其言地圆，即《周髀》所谓地法覆盘，滂沱四陨而下也；其言南北里差，即《周髀》所谓北极左右夏有不释之冰、物有朝生暮获，中衡左右冬有不死之草、五谷一岁再熟，是为寒暑推移，随南北不同之故；及所谓春分至秋分极下常有日光，秋分至春分极下常无日光，是为昼夜永短，随南北不同之故也。其言东西里差，即《周髀》所谓东方日中，西方夜半；西方日中，东方夜半。昼夜易处如四时相反，是为节气合朔，加时早晚，随东西不同之故也。又李之藻以西法制浑盖通宪，展昼短规使大于赤道，一同《周髀》之展外衡使大于中衡。其《新法历书》述第谷以前西法，三百六十五日四分日之一，每四岁之小余成一日，亦即《周髀》所谓三百六十五日者三，三百六十六日者一也。西法出于《周髀》，此皆显证，特后来测验增修，愈推愈密耳。《明史·历志》谓：尧时宅西居昧谷，畴人子弟散入遐方，因而传为西学者，固有由矣。

此书刻本脱误，多不可通，今据《永乐大典》内所载，详加校订。补脱文一百四十七字，改讹舛者一百一十三字，删其衍复者十八字。旧本相承，题云汉赵君卿注，其自序称"爽以暗蔽"，注内屡称"爽或疑焉""爽未之前闻"，盖即君卿之名。然则隋、唐志之赵婴，殆即赵爽之讹欤。注引《灵宪》《乾象》，则其人在张衡、刘洪后也。旧有李籍《音义》，别自为卷，今仍其旧。书内凡为图者五，而失传者三，讹舛者一，谨据正文及注为之补订。

古者九数惟《九章》《周髀》二书流传最古，讹误亦特甚，然溯委穷源，得其端绪，固术数家之鸿宝也。

——录自《四库全书总目》卷一○六子部十六天文算法类一，中华书局影印本（1965），页891—892。

二 《周髀算经》的宇宙模型

关于《周髀算经》的宇宙模型，历来颇多误解，而且这些误解还在许多读物中人云亦云递相祖述，形成对正确理解《周髀算经》的严重障碍，所以必须仔细分析。

1 《周髀算经》"自相矛盾"吗？

在《周髀算经》所述盖天宇宙模式中，天与地的形状如何，现代学者们有着普遍一致的看法，这里举叙述最为简洁易懂的一种为例，作为这种看法的代表：

《周髀》又认为，"天象盖笠，地法覆盘"，天和地是两个互相平行的穹形曲面。天北极比冬至日道所在的天高 60 000

里，冬至日道又比天北极下的地面高 20 000 里。同样，极下地面也比冬至日道下的地面高 60 000 里。（文献 20、文献 16，以及文献 19 的页 136 中，都持完全相同的看法）。

然而，同样普遍一致地，这种看法的论述者总是同时指出：上述天地形状与《周髀算经》中有关计算所暗含的假设相互矛盾。仍举一例为代表：

天高于地八万里，在《周髀》卷上之二，陈子已经说过，他假定地面是平的，这和极下地面高于四旁地面六万里，显然是矛盾的……但它不以地是平面，而说地如覆盘（文献 19，页 136）。

其实这种认为《周髀算经》在宇宙模式中天地形状问题上自相矛盾的说法，早在李淳风为《周髀算经》所作的注文中就已发端。李淳风认为《周髀算经》在这一问题上"语术相违，是为大失"（文献 1，页 28）。

但是，所有持上述说法的论著，事实上都在无意中犯了一系列不太容易发现的疏忽。从问题的表层来看，这些疏忽似乎只是误解了《周髀算经》原文语句，以及过于轻信前贤成说而递相因袭，未加深究。然而再往深一层看，何以会误解原文语句？则原因很可能是对《周髀算经》体系中两个要点的意义认识不足，这两个要点是：

"日影千里差一寸"；

"北极璇玑"。

以下先依次讨论这两个要点，再分析对原文语句的误解问题。

2 "日影千里差一寸"及其意义

在《周髀算经》中，陈子向荣方陈述盖天学说，劈头第一段就是讨论"日影千里差一寸"这一公式，见卷上第（3）节：

夏至南万六千里，冬至南十三万五千里，日中立竿无影。此一者天道之数。周髀长八尺，夏至之日晷一尺六寸。髀者，股也。正晷者，勾也。正南千里，勾一尺五寸；正北千里，勾一尺七寸。

这里一上来就指出了"日影千里差一寸"。参看下图：

S：太阳
B：表（周髀）
H：天地距离 =80000 里
h：表高 =8 尺
l：晷影之长
L：测晷影处至日下无影处之距离

"日影千里差一寸"示意图

注意上图只是示意图，图中的视觉比例是经过变形的——为的是方便在书中排印。

日影，指正午时刻八尺之表（即"周髀"——注意这种情况下不是指书名）在阳光下投于地上的影长，即上图中的 l，8尺之表即 h，当

$h=8$ 尺

$l=1$ 尺 6 寸

时，向南 16 000 里处"日中立竿无影"，即太阳（S）恰位于此处天顶中央，这意味着

$L=16\,000$ 里，或 $H=80\,000$ 里

这显然就有

$L/l=16\,000$ 里 $/1$ 尺 6 寸 $=1\,000$ 里 $/1$ 寸

即"日影千里差一寸"。接着又明确指出，这一关系式是普适的——从夏至日正午时 $l=1$ 尺 6 寸之处（即周地），向南移 1 000 里，日影变为 1 尺 5 寸；向北移 1 000 里，则日影增为 1 尺 7 寸。这可以从上图中看得很清楚。

此外，由上图中的相似三角形，显然还有

$L/l=H/h=1\,000$ 里 $/1$ 寸

在上式中代入 $h=8$ 尺，即可得

$H=80\,000$ 里

这就是下文将要谈到的天与地相距八万里。见于《周髀算经》原文第（3）节：

候勾六尺……从髀至日下六万里而髀无影。从此以上至日，则八万里。

即在上图中令

$h=8$ 尺

$l=6$ 尺

$L=60\ 000$ 里

仍由上式即可得 $H=80\ 000$ 里。日是在天上的，故从地"上至日" $80\ 000$ 里，自然就是天地相距 $80\ 000$ 里。这个关系式其实无论 l（勾、日影、晷影）是否为 6 尺都能成立，《周髀算经》之所以要"候勾六尺"，是因为它只掌握勾股定理在"勾三股四弦五"时的特例，所以需要凑数据以便套用这一特例——勾 6 尺即表至日下 $60\ 000$ 里，天地相距 $80\ 000$ 里，从表"邪至日" $100\ 000$ 里，正是 3、4、5 的倍数。

《周髀算经》明确建立"日影千里差一寸"关系式之后，马上将其应用范围加以拓展，其第（4）节云：

> 周髀长八尺，勾之损益寸千里。……今立表高八尺，以望极，其勾一丈三寸，由此观之，则从周北十万三千里而至极下。

在这里日影已经不再是必要的了。只需将上图中的 S 点（原为太阳所在位置）想象为北极位置，就可一目了然，现在

h=8 尺

l=1 丈 3 寸

L=103 000 里

"勾之损益寸千里"的关系式仍可照用不误。在《周髀算经》下文对各种问题的讨论中，这一关系式多次被当成已经得到证明的公式加以使用（注意始终必须在"正南北"方向上）。

但是有一点必须特别注意，就是：无论上引第（3）节还是第（4）节中所述"日影千里差一寸"的关系式，若要成立，还必须有一个暗含前提——天地为平行平面。这在上图中是显

而易见的，如果没有这一前提，上述各种关系式及比例、相似三角形等都会无从谈起。

将"天地为平行平面"这一点视为不证自明的当然前提，要理解这一状况，对于现代人来说会比古人困难得多。因为现代人已有现代教育灌输给他的先入之见：大地为球形，所以现代人见到古人的这一前提，首先想到的是它的谬误。但古人对此却并无成见，他们很容易相信天与地是平行平面。这也就是《周髀算经》中"勾之损益寸千里"的说法在古代曾广泛被接受的原因——古人认为推出这一结论是显而易见、不容置疑的，下面举一些例子：

欲知天之高，树表高一丈，正南北相去千里，同日度其阴，北表二尺，南表尺九寸，是南千里阴短寸，南二万里则无景（影），则直日下也。（《淮南子·天文训》）

日正南千里而（影）减一寸。（《尚书纬·考灵曜》）

悬天之景，薄地之仪，皆移千里而差一寸得之。（张衡《灵宪》）

这些说法都只要看上图即可了然。当然，古人后来已知道"勾之损益寸千里"不符合观测事实，但这已是很晚的事了

（参见附录 7）。在《周髀算经》成书以及此后相当长的时间里，古人对这一关系式看来并不怀疑。

不少现代论著也已经注意到，《周髀算经》中"勾之损益寸千里"是以"天地为平行平面"作为前提的，但他们首先想到的是这个前提的谬误。这个前提当然是谬误的，而著作家们在指出这"自然都是错误的"（文献 16）之后，也就不再深究，转而别顾了。

其实应该讨论的是："勾之损益寸千里"这一关系式及其前提"天地为平行平面"在《周髀算经》所述盖天学说中的意义和地位。

从对《周髀算经》全书结构的分析可以看出，书中所述盖天学说是自成一个系统的。在这一系统中，"天地为平行平面"的前提占有什么样的位置呢？

3 《周髀算经》的公理化尝试

在西方历史上，建立科学学说有所谓"公理化方法"

（axiomatic method），意指将所持学说构造成一个"演绎体系"
（deductive system），这种体系的理想境界，按照科学哲学家洛
西（J.Losee）的概括，有如下三要点：

　　a. 公理与定理有演绎关系；

　　b. 公理本身为不证自明之真理；

　　c. 定理与观察结果一致。

　　（J. Losee: *A Historical Introduction to the Philosophy of Science*）

　　其中 b 是亚里士多德（Aristotle）特别强调的。而欧几里得
（Euclid）的《几何原本》被认为是公理化方法确立的标志——
尽管尚未达到理想境界。但由于天文学这一学科的特殊性，应
用公理化方法时会有所变通，所以洛西又说：

　　在理论天文学中，那些遵循着"说明现象"传统的人
采取了不同态度。他们摈弃了亚里士多德的要求——为了能
说明现象，只要由公理演绎出来的结论与观测相符即可，这
样，公理本身即使看起来是悖谬的，甚至是假的，也无关
紧要。

《几何原本》书影

清康熙年间内府精写本，故宫博物院藏。

　　也就是说，只需前述三要点中的a、c两点即可。这个说法是可信的。在西方天文学发展史上，亚里士多德所主张的"水晶球体系"、托勒密（Ptolemy）所设想的地心几何体系，以及中世纪阿拉伯天文学家种种奇猜异想的宇宙几何模型，都曾被当时的天文学家当作"公理"（类似于现代科学家所谓的"工作假说"）来使用而不问其真假。

　　再回过头来看《周髀算经》中的盖天学说，就不难发现，"天地为平行平面"和"勾之损益寸千里"正是公理和定理的关系，两者之间的演绎关系上文已详细讨论过，是显而易见的。而且，仔细体味《周髀算经》全书，"天地为平行平面"这一前提是被视为"不证自明之真理"的，或者说，是作为盖天学说系统的公理（基本假设）之一的。

至于"天地为平行平面"并不符合事实这一点，需要从两个方面去分析。

第一，如上所述，从公理化方法的角度来看，即使它不符合事实，也不会妨碍它作为公理的地位。当然我们不能先验地断定《周髀算经》的作者一定会有与古希腊同行一模一样的思路，因此前者心目中"天地为平行平面"究竟真实与否、他想不想追究其真实性，我们都无从得知。我们所能确切知道的只是：他把"天地为平行平面"当作公理在《周髀算经》这一体系中使用了。

第二，符合事实与否，也是一个历史性概念。我们今天知道这个前提不符合事实，当然不等于《周髀算经》时代的人们也知道它不符合事实，这是很容易理解的。毕竟在认识到地球为球形之前，将大地想象为平面，是符合日常感觉的。

剩下的问题是"定理与观察结果一致"的要求。我们现在当然知道，由公理"天地为平行平面"演绎出来的定理"勾之损益寸千里"是与事实不一致的。演绎方法和过程虽无懈可击，但因为引入的公理错了，所以演绎的结果与事实不符。但对于这一问题，也要从两方面来分析。

第一，演绎结果与事实一致仍是一个历史性概念，我们今天确知"勾之损益寸千里"与事实不一致，但在古人测量精度很差的情况下（比如无法准确测量"正南北"千里这一数量，等等），看起来就有可能在相当程度上还能与事实相合。

第二，也是更重要的，"天地为平行平面"不符合事实，并不妨碍它在盖天学说体系中作为公理的地位；同样，演绎出的结果与事实不符，说明《周髀算经》所构造的演绎体系在描述事实方面不成功，但这并不妨碍它在结构上确实是一个演绎体系。

于是我们知道，"勾之损益寸千里"是《周髀算经》盖天体系中的一条重要定理，这条定理的背后是盖天体系中的基本公理（axiom）之一"天地为平行平面"——这一点对于我

们后面讨论盖天宇宙模型究竟是什么形状，具有极其重要的
意义。

4 "北极""北极枢""璇玑"究竟是什么？

解决《周髀算经》中盖天宇宙模型天地形状问题的另一
关键，是理清所谓"北极璇玑"。这个"北极璇玑"究竟是什
么？现有的几种论著，对此莫衷一是。钱宝琮赞同顾观光之
说，认为"北极璇玑也不是一颗实际的星"，而是"假想的星"
（文献16）。陈遵妫则明确表示：

"北极璇玑"是指当时观测的北极星，……《周髀》所谓
"北极璇玑"，即指北极中的大星，从历史上的考据和天文学方面
的推算，大星应该是帝星即小熊座 β 星（文献19，页137—138）。

但是，《周髀算经》谈到"北极璇玑"或"璇玑"至少有
三处，而上述论述都只是针对其中一处所作。

而对于其余几处，论著者们通常都避而不谈——不得不如此，因为在"盖天宇宙模型中天地为双重球冠形"的先入之见框架中，对于《周髀算经》中其余几处关于"璇玑"的论述，根本不可能作出解释。如果又将思路局限在"北极璇玑"是不是一颗实际的星这样的方向上，那就更加无从入手了。

《周髀算经》中直接明确谈到"璇玑"的共有三处，依次见于卷下第（8）（9）（12）节，先依顺序录出如下：

欲知北极枢、璇玑四极，常以夏至夜半时北极南游所极，冬至夜半时北游所极，冬至日加酉之时西游所极，日加卯之时东游所极，此北极璇玑四游。正北极枢璇玑之中，正北天之中。正极之所游……（以下为具体观测方案）

璇玑径二万三千里，周六万九千里。此阳绝阴彰，故不生万物。

牵牛去北极……术曰：置外衡去北极枢二十三万八千里，除璇玑万一千五百里……东井去北极……术曰：置内衡去北极枢十一万九千里，加璇玑万一千五百里……

从上列第一条论述可以清楚地看到，"北极""北极枢""璇玑"是三个有明确区别的概念。

那个"四游"而画出圆圈的天体，陈遵妫认为就是当时的北极星，这个看法是正确的；但是必须注意，在原文中分明将这一天体称为"北极"，而不是如上引陈遵妫论述中所说的"北极璇玑"。

而"璇玑"则是天地之间的一个柱状空间，这个圆柱的截面就是"北极"——当时的北极星（究竟是今天的哪一颗星还有争议）——作拱极运动在天上所画出的圆。

至于"北极枢"，则显然就是上面这个（"北极"画出的）圆的圆心，它才能真正对应于天文学意义上的北极。

在上面所作分析的基础上，我们就完全不必再回避上引《周髀算经》第（9）和第（12）节中的论述了。由这两处论述我们可以知道，"璇玑"并非假想的空间，而是实际存在于大地之上的，正处在天上北极的下方，它（在地表处的）的截面直径为23 000里，这个数值对应于第（8）节中所述在周地地上测得的北极东、西游所极相差2尺3寸，仍是由"勾之损益寸千里"推

敦煌星图中的北极区

大英博物馆藏。图中居中者为北极星，为群星所拱卫。

导而得。北极之下大地上的这个直径为 23 000 里的特殊区域在《周髀算经》中又被称为"极下"，这和"璇玑"的含义一样。

如果仅仅到此为止，我们对"璇玑"的了解仍是不完备的，所幸《周髀算经》还有几处对这一问题的论述，可以帮助我们破解疑团。这些论述见于卷下第（7）和第（9）节：

极下者，其地高人所居六万里，滂沲四隤而下。

极下不生万物，何以知之？

于是又可知："璇玑"又指一个实体，它高达 60 000 里，上端是尖的，以弧线向下逐渐增粗，至地面时，这一柱形物的底为直径 23 000 里的圆；而在此 69 000 里圆周（注意《周髀算经》始终取圆周率 =3）范围内，如前所述，是"阳绝阴彰，故不生万物"。

这里必须特别讨论一下"滂沲四隤而下"这句话。所有主张《周髀算经》宇宙模型中天地形状为双重球冠形的论著，几乎都援引"滂沲四隤而下"一语作为证据，却没注意到前面"极下者，其地高人所居六万里"这句话，其实早已完全排除了天地为双重球冠形的任何可能性。

这只需稍作分析就可发现。按照天地为双重球冠形的理解，大地的中央（北极之下）比这一球冠的边缘——亦即整个大地的边界——高六万里；但这样一来，"极下者，其地高人所居六万里"这句话就绝对无法成立了，因为在球冠形的模式中，大地上比极下低六万里的面积实际上为零——只有球冠边缘这一线圆周是如此，而"人所居"的任何有效面积所在，都不可能低于极下达六万里。比如，按照天地为双重球冠形模式，周地作为《周髀算经》作者心目中最典型的"人所居"之处，就绝对不可能低于极下六万里。

此外，如果接受双重球冠形模式，则极下之地就与整个大地合为一体，没有任何实际的边界可以将两者加以区分，这也是明显违背《周髀算经》原意的。如前所述，这本是一个直径23 000里，其中"阳绝阴彰，故不生万物"的特殊圆形区域。

至此，我们已可获得明确结论，在《周髀算经》中，"北极""北极枢""璇玑"分别有三个不同的所指：

"北极"，指现代天文学意义上的北极星，它绕着真正的北天极旋转，每昼夜在天上画出一个圆。

"北极枢"，是"北极"在天上所画之圆的圆心，对应于现代天文学意义上的北天极。

"璇玑"，在天上是指"北极"所画出的圆；但这个圆又垂直对应到大地之上，故"璇玑"又指矗立于"北极枢"正下方、垂直于平面大地的柱状体，此柱上尖下粗，其底面为一个直径 23 000 里的圆，其高为 60 000 里。在 "璇玑" 范围内，是 "阳绝阴彰，故不生万物" 的阴寒死寂之地。

5　《周髀算经》盖天宇宙模型的正确形状

　　根据上面的讨论，我们其实已经知道，《周髀算经》中所述盖天宇宙模型的基本格局是：天与地为平行平面，但在北极下的大地上，矗立着高 60 000 里、底面直径为 23 000 里的上尖下粗的 "璇玑"。这里需要补充的细节只剩下两点：

　　一是天在北极处的形状。地在北极之下处有矗立的 "璇玑"，天在北极也并非平面，《周髀算经》卷下第（7）节对此叙述得很明白：

　　极下者，其地高人所居六万里，滂沲四隤而下，天之中央亦高四旁六万里。

　　也就是说，天在北极处也是有柱状向上耸起的，其形状

也与地上的"璇玑"一样。这一结构已标示于下图中。下图为
《周髀算经》盖天宇宙模型的侧视半剖面示意图，由于以北极
为中心，图形是轴对称的，所以只需绘出其一半即可。图中左
端即"璇玑"的侧视半剖面。

二是天地两平面之间的距离。在"天地为平行平面"的基
本假设之下，从数学上来说，这一距离很容易利用表影和勾股
定理推算而得。《周髀算经》卷上第（3）节说：

从髀至日下六万里而髀无影。从此以上至日，则八万里。

推算之法上文已经述及。日在天上，而天与地又为平行平
面，故日与地的距离也就是天与地的距离。而《周髀算经》卷
下第（7）节则说得更明白：

天离地八万里。冬至之日虽在外衡，常出极下地上二万里。

"极下地"即"璇玑"，它高出地面六万里，与整个"天"
的平面距离为两万里。

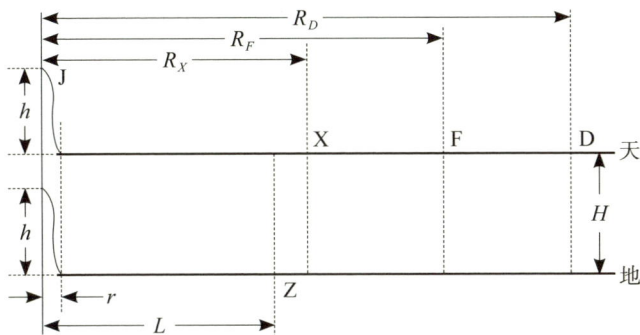

J：北极（天中）　　　　　　R_X=119000 里，夏至日道半径

X：夏至日所在（日中时）　　$R_F=1\frac{1}{2}R_X$=178500 里，春、秋分日道半径

F：春、秋分日所在（日中时）　$R_D=2R_X$=238000 里，冬至日道半径

D：冬至日所在（日中时）　　L=103000 里，周地距极远近

Z：周地（洛邑）所在　　　　H=80000 里，天地间距离

r=11500 里，极下璇玑半径　　h=60000 里，极下璇玑之高

《周髀算经》盖天宇宙模型侧视半剖面示意图

上图所示的盖天宇宙模型，既然处处与《周髀算经》原文文意吻合，在《周髀算经》的数理结构中也完全自洽可通，为何前贤却一直误认为天地是双重球冠形的呢？从问题的表层看，主要是误解了《周髀算经》卷下第（7）节中的八个字：

天象盖笠，地法覆盘。

这八个字是双重球冠形说最主要的依据。而实际上，根据这

明人所画《天地定位之图》

"天圆如倚盖，地方如棋局"，表达了古代中国人的天地观念

八个字就将盖天宇宙模型设想为双重球冠形，是完全站不住脚的。

首先，在古时是否有球冠形的笠和盘？这一点并无证据。然而更重要的是，"天象盖笠，地法覆盘"八字，只是文学性的比喻，正如赵爽在此处的注文所说：

> 见乃谓之象，形乃谓之法。在上故准盖，在下故拟盘。象法义同，盖盘形等。互文异器，以别尊卑，仰象俯法，名号殊矣。

赵爽强调盖、盘只是比拟。

退一步说，即使要依据这八个字去判断《周髀算经》中盖天宇宙模型的形状，也无论如何推不出双重球冠形的结论——恰恰相反，仍然只能得出"天地为平行平面"的结论。试逐字分析如次：

盖，车盖、伞盖之属也。其实物形象，今天仍可从传世的古代绘画、画像砖等处看到，它们几乎无一例外都是圆形平面的，四周有一圈下垂之物，中央有一突起（连接曲柄之处），正与前图所示天地形状极为吻合。而球冠形的盖，至少笔者从未见到过。

彩绘铜饰木轺车

甘肃省博物馆藏

笠，斗笠之属，今日仍可在许多地方见到。通常也呈圆形平面，中心有圆锥形凸

（南宋）李迪《风雨归牧图》

台北故宫博物院藏

起，正与前图所示天地形状吻合。

覆盘，倒扣着的盘子。盘子是古今常用的器皿，自然也只能是平底的，试问谁见过球冠形的盘子——那样的话它还能放得稳吗？

再退一步说，即使"天象盖笠，地法覆盘"八字真可理解为球冠形（事实上毫无根据），这样一句文学性的比喻之词，至多也只是表示大致的形状，其重要性根本无法和《周髀算经》整个体系及它的数理结构相提并论。前面的讨论已经表明："天地为平行平面"是《周髀算经》整个体系的基本假设，在全书的数理结构之中，这是一个必不可少的前提。

再回到本节开头提到《周髀算经》中天地形状与其数学计算假设"自相矛盾"的说法，我们现在已经充分表明，这种所谓的"自相矛盾"事实上并不存在，它只是人们对原书文句的误解和分析时的疏忽所造成的。关于盖天宇宙模型中的天地形状，《周髀算经》全书是前后一致且自洽的——天与地为圆形平行平面（直径 810 000 里），在中心处耸起着高 60 000 里、直径 23 000 里的"璇玑"，其侧视半剖面如前图所示。

对"天象盖笠，地法覆盘"八字之误读，是今人在语言隔阂之下所犯的错误，古人不至于犯这样的错误。例如，东汉王充，就是盖天宇宙模式的拥护者。《晋书·天文志》记载他"据盖天之说"对浑天说的驳议云：

旧说天转从地下过，今掘地一丈辄有水，天何得从水中行乎？甚不然也。日随天而转，非入地。夫人目所望，不过十里，天地合矣；实非合也，远使然耳。今视日入，非入也，亦远耳。当日入西方之时，其下之人亦将谓之为中也。四方之人，各以其近者为出，远者为入矣。何以明

明刻本《晋书·天文志》书影

之？今试使一人把大炬火，夜行于平地，去人十里，火光灭矣；非灭也，远使然耳。今日西转不复见，是火灭之类也。日月不员（圆）也，望视之所以员（圆）者，去人远也。夫日，火之精也；月，水之精也。水火在地不员（圆），在天何故圆？

王充的上述学说当然谬误丛出，比如不相信日月是圆的之类。但是这里对于我们的讨论非常重要的是，王充所依据的盖天宇宙模式，其天地结构和形状，在他心目中是平行的平面，这一点显然是毫无疑问的。他所用的比喻和论证，都足以证明这一点。这是汉代学者对盖天宇宙模式之理解的一个例证，在这个例证中，汉人对盖天宇宙的理解，与笔者上文得出的结论完全一致。而主张《周髀算经》盖天宇宙模式是所谓双重球冠形的前贤，似乎从未注意到这一例证。

最后还可以顺便指出，先前有些论著中有所谓"第一次盖天说""第二次盖天说"之论。古代的"天圆地方"之说被称为"第一次盖天说"，而《周髀算经》中所陈述的盖天说被称为"第二次盖天说"。其实后者有整套数理体系，而前者只是故老相传的原始概念，两者根本不可相提并论。因此上述说法没有什么积极作用，反而会带来概念的混淆。

《周髀算经》中的天文学问题

《周髀算经》虽被冠以"算经"之名，也经常被人们视为"古代数学著作"，其实有点名不副实。它实际上是一部纯粹的天文学著作，将它视为"数学著作"，从内容到水准都很不足道，这只要举出两点就足以证明：

一、《周髀算经》全书使用的圆周率居然都是 3。

二、《周髀算经》正文中陈述的勾股定理，始终只是"勾三股四弦五"（$3^2+4^2=5^2$）的特例，而不是该定理的普遍形式。

《周髀算经》作为一部天文学著作，陈述了盖天学说的完整体系，其中当然会涉及一系列的天文学问题。因为盖天学说在古代中国传统天学中并非主流，所以这些天文学问题难免会有误解和难解之处，需要逐一分析。

1　周髀晷影

在《周髀算经》全书中，讲到各种天文观测，竟然都是依靠同一种仪器来完成的，而且这种仪器简单之至——只是一根长八尺的竿，垂直立于地面而已。

这仪器在《周髀算经》中有时就称为"竿"，有时又称为"周髀"，但大多数情况下称为"表"。

由于测量时要看它在阳光下投在地面上的影长（也可利用系在它顶端的细绳，对太阳以外的天体，比如恒星，进行观测，由人目、表顶、天体的三点一线，也能获得地面上的"影长"），而影与表身正成直角，于是可以利用勾股定理，将地面之影称为勾，将表本身视作股。"周髀"之名即由此而来：

髀就是股，而股代表八尺之表，故"周髀"意即"周地之表"，因为全书中的测量，都是假定在周地（绝大部分情况下可以理解为雒邑）进行的。地面之影在书中有时称为"影"，有时又称"晷影"，但最全面的称呼是"勾"，如"候勾六尺""勾之损益寸千里"等，因为这包含了被测天体为太阳和为其他恒星等各种情况，而"晷"或"晷影"是专指太阳投下的表影而言的。

《周髀算经》中所用的这种八尺之表，后世长期沿用。考虑到地面上的影长需要精确读取，后来就将一把水平的尺（上有刻度）与表制作成一体，这水平尺称为"圭"，整个仪器就称为"圭表"。这样，使用起来就更方便，只要将圭放在正南北方向，在圭面上直接读取表影长度即可。

这种圭表实物，目前尚有遗存。比较著名的有江苏仪征东汉墓出土的小型铜圭表，以及现仍保存在南京紫金山天文台上的明代大型青铜圭表。前者因形制甚小，有学者认为可能是随葬明器，并非实际使用之物（形制小则刻度和读数都难以精确，因而缺乏实用价值）。后者在清代曾被改造，加高了原表使之成为 10 尺，又在圭的北端加了"立圭"，但仍不失为古代中国圭表的典型代表。

《周髀算经》中的八尺之表虽然简单，却有许多妙用，书中至少论述了如下七种：

仪征东汉墓出土的铜圭表

南京紫金山天文台内保存的明制圭表

山西陶寺遗址
出土的圭尺

测太阳远近及天高，见第（3）节。

测北极远近，见第（4）节。

测"璇玑四游"，见第（8）节。

测二十八宿，见第（10）节。

测算二十四节气，见第（13）节。

测回归年长度，见第（17）节。

测定东西南北方向，见第（8）（9）节。

上列七种测量中，后三种很容易理解，可不必多论；第四种将于后文讨论；前三种则都与"勾之损益寸千里"的定理有关，关于这一定理的由来及其意义，已在上文讨论过，下面就该定理与实际情况之间的矛盾，再作一些补充。

"勾之损益寸千里"是在天地为平行平面的前提下导出的，而天与地实际上并非平行平面，所以这个公式是错误的。但古代中国人并未发展出古希腊人那样的球面天文学（直到今天仍被全世界天文学家普遍使用着），也未掌握球面三角学的有关公式，因此难以很快发现"勾之损益寸千里"的错误。上文提到的几种文献的说法，都赞同并使用这一公式，而那几种文献是被公认为其年代在《周髀算经》之后的。

在中国历史上，盖天说与浑天说两家有过竞争，结果是浑天家大占上风，浑天说成为占绝对统治地位的天文学说。但是这并不意味着浑天学说没有从它的竞争对手那里借鉴或继承过任何东西，例如，错误的"勾之损益寸千里"公式就被浑天家接受过去了。

按照当代流行的说法，这一公式作为浑天学说中最后一条盖天说"痕迹"，直到唐代开元十二年（724年）才被清除。这一年在僧一行领导下，南宫说等人在河南省的滑县、浚仪（今开封）、扶沟、上蔡四处，测量了夏至日正午的表影，并用绳丈量了上述四处相互间的距离，结果发现"勾之损益寸千里"的公式与实测结果相去颇远。例如，从上蔡向北至滑县（两城在同一经度上，这就恰好符合"正南北"的要求），距离为526.9里，而日影已差2.1寸，足见"勾之损益寸千里"公式之错误。

其实，在进行这种大规模实地测量之前，也早已有条件检

台州国清寺外为纪念僧一行禅师而立的"一行到此水西流"石碑

验上述公式了。因为古代中国的天文观测记录素称完备，早在南宫说等人进行测量之前，历代王朝都曾在不同地点测过夏至日（或冬至日）晷影之长，并记录在案。将这些记录进行排比、分析，就足以看出"勾之损益寸千里"公式与实际测量结果明显不符。李淳风在《周髀算经》注文中已经做了这项工作，时代在南宫说等人测量之前约一个世纪（李淳风的这项工作见附录3）。

2 《周髀算经》对日高、日视径的测算

《周髀算经》卷上第（3）节中论述了对太阳远近（距周地的直线距离）和太阳直径的测量及计算。

前者也是在"天地为平行平面"的基本前提之下进行的。这里值得一提的是，赵爽在此节注文中又提出了一个新的测定太阳远近的方案，具体做法，是在不同地点立两个表，在同一时刻观测日影，结果也能求得同样数据。这两个方案都需要以大地为平面作假设，但前一个方案还必须设定 H 和 L 中的某一个值（比如设定 H=80 000 里，又，接受"日影千里差

一寸"公式，也可起到同样作用）；而赵爽的方案只需知道两个
表影之长，以及两表之间的距离，这三个值都可由实测获得，
无需设定，故显然更先进一些。但《周髀算经》原文中并未
出现此方案。

当然，这两个方案所测得的太阳远近（距周地距离为
100 000 里），都与真实情况相去甚远。毕竟太阳距离我们太遥
远了，上述测量方案，施之
于测山高之类的目标确实可
行，但施之于太阳系这样古
人根本无法想象的巨大尺度，
就完全无能为力了（首先地平
假设就完全不可取，其次观测精
度也远远不够）。

然而，《周髀算经》对
太阳视直径的测算，却与实
际情况相比居然差不多。这
一测算方案，是利用一根长
8 尺而孔径恰为 1 寸的竹管，

汲古阁刻本《周髀算经》书影，左上为
太阳远近测算示意图

从管中窥测日面，日轮恰好占满全孔，于是推得：

竹管长度 / 管孔直径 =8 尺 /1 寸 =80= 太阳远近 / 太阳直径

因前面已求得太阳远近为 100 000 里，由此求得：

太阳直径 =100 000 里 /80=1 250 里

这当然与实际情况相去甚远——太阳远近之值太小了。但值得注意的是，《周髀算经》在上述一系列比率关系中，实际上已无意中求得了太阳视直径之值。

设太阳视直径为 ds，则有

$$ds=2\tan^{-1}（0.5 寸 /8 尺）=42'59''$$

注意这个数值与太阳平均角直径的实际值（用现代天文学方法测定）31'59'' 相比，只大了 11'，确实可算作古代一个很精确的值了。

例如，与古希腊的类似工作相比，萨摩斯的阿里斯塔克（Aristarchus of Samos，约公元前 320—前 250 年）采用的值是：

$$ds=2°，$$

（意大利）拉斐尔《雅典学院》（局部），右下手拿圆规作图者即阿基米德

到阿基米德（Archimedes，约公元前 286—前 212 年）乃采用

$$27' < ds < 33'$$

之值。

将《周髀算经》之值置于其间，明显是优胜的。《周髀算经》之所以能够以如此粗陋的测算方案，竟获得这样一个优秀的值，原因在于，这一方案中一部分误差可以相互抵消，从而使精度不致太差（文献21）。

3 《周髀算经》的恒星天球坐标

《周髀算经》卷下第（10）节，专门论述一种恒星天球坐标系统，及其测定之法。也是利用表竿来进行，以求测定二十八宿各宿距星之间的距离（某一宿的距星与下邻宿距星的赤经差）。这个方案从操作上说是可行的，尽管精确度不会很高。但这里有两个问题需要特别加以注意。

首先，《周髀算经》方案所依据的基准面是地平面，因此这样获得的恒星坐标，从天文学上来说属于地平坐标系，而不是古代中国传统的赤道坐标系。由于地平坐标的基准面是观测者当地的地平面，随着地理纬度的变化，其基准面也随之变化，因而此坐标系中的天体坐标也要变化。

地平坐标的这一性质，决定了各种记录天体位置的星表是不能采用这一坐标的。然而成问题的是，《周髀算经》中试图测定的二十八宿各宿距星之间的距度，恰恰是一份记录天体位置的星表，故从现代天文学常识来看，《周髀算经》中上述测定方案是失败的。

其次，进一步的研究表明，《周髀算经》上述在地平坐标系中测定二十八宿距度的方案虽然是不可取的，但书中提供的唯一数据实例——牵牛之宿距星的距度（亦即牵牛距星与女宿距星之间的距离）为 8°，却是一个有正确意义的数值。按照《周髀算经》的方案，用现代方法推算，牵牛距度应该只有 6°；而 8° 则是在赤道坐标系中牵牛距度应有之值。按《周髀算经》的方案，不可能测量出赤道坐标值，那么这个 8° 从何而来呢？对此已故薄树人教授有一个很好的解释：

无法测量赤经差，却又说出了一个测量的结果，而且是和实际赤经差相符的结果，这个奇妙的情况说明，在《周髀》的作者面前，这个结果早就已经有了，所欠缺的只是方法。因此，他只能在自己的理论体系下设想出一个地平测量的方法来顶替（文献 20）。

　　这个推测是有道理的。此外还有一些例子，都表明《周髀算经》的作者在构造他的天文学体系（包括观测方案在内）时，早已有一些现成的数据，作者竭力将这些数据容纳进他的体系之中，有时候不免出现破绽和矛盾。但我们决不能想当然地对《周髀算经》作者的这种努力全盘否定——从科学史 / 科学哲学的角度来看，这种努力是有积极意义的。

4　七衡六间图

　　《周髀算经》卷上第（6）节，专论七衡六间图及其绘制时的尺寸、比例等。七衡六间图或简称七衡图，各种版本中的七衡图多出于后人补绘，原初的图形究竟如何，现在已经难以确知。从《周髀算经》原文文字的叙述看，所谓"七衡六间"，指图形中的七道同心圆，它们之间等距离地形成六条间隔。

　　《周髀算经》用七衡图来定量地描述太阳的周年视运动：日道每年从夏至时的内衡出发，逐渐向外移动，至秋分时到达中衡，至冬至时到达外衡；再从外衡向内回归，至次年春分时又至中衡，至夏至时再回到内衡。每年都如此循环往复。

　　用七衡图描述太阳周年视运动，在相当程度上是成功的。当然也有不合理之处，比如内衡的直径为 238 000 里，外衡的直径为此值的两倍，即 476 000 里，这样，外衡的周长就是内衡的两倍，也就是说，冬至时太阳的速度（线速度）必须是夏至时的两倍，这当然不符合事实。不过这个问题从理论上来说并不至于像有些论著中所指责的那样严重，因为如站在极下的立场来看，太阳在任何一衡上的角速度都是一样的。

　　况且，我们不能忘记，即使在现代的行星椭圆运动模式中，依据面积定律，地球绕太阳的周年运动（在《周髀算经》的作者看来也就是太阳在七衡上的周年运动）中，线速度也是变化的，而且也是在冬至前后速度快、夏至前后速度慢。

总之，对古人的探索性学说，重要的是将其置于历史发展的背景中去评价，而不宜完全套用现代标准苛责过甚。

七衡图的结构义理并不复杂，《周髀算经》原文中所述也相当简单明白。然而在原书第（6）节开头"七衡图"三字之下，却有赵爽的一段长注，其中所述要复杂得多，这段注文如下：

青图画者，天地合际，人目所远者也。天至高，地至卑，非合也，人目极观而天地合也。日入青图画内谓之日出，出青图画外谓之日入。青图画之内外，皆天也。北辰正居天之中央。人所谓东、西、南、北者，非有常处，各以日出之处为东，日中为南，日入为西，日没为北。北辰之下，六月见日，六月不见日。从春分至秋分，六月常见日，从秋分至春分，六月常不见日。见日为昼，不见日为夜。所谓一岁者，即北辰之下一昼一夜。

黄图画者，黄道也，二十八宿列焉，日月星辰躔焉。使青图在上不动，贯其极而转之，即交矣。我之所在，北辰之南，非天地之中也。我之卯酉，非天地之卯酉。内第一，夏至日道也。中第四，春秋分日道也。外第七，冬至日道也。皆随黄道。日冬至在牵牛，春分在娄，夏至在东井，秋分在角。冬至从南而北，夏至从北而南，终而复始也。

这里引人注目的是分别描述了"青图画"与"黄图画"，显然是两幅不同的图。钱宝琮认为，这说明"周髀原有的七衡图不仅仅是一张平面图，而是用两幅图画叠合组成的"，并且推断七衡图"就是后世天文家参考用的'盖图'"（文献 16）。

又《隋书·天文志》说：

晋侍中刘智云："颛顼造浑仪，黄帝为盖天。"然此二器皆古之所制，但传说义者，失其用耳。昔者圣王正历明时，作圆盖以图列宿。极在其中，回之以观天象。分三百六十五度四分度之一，以定日数。日行于星纪，转回右行，故圆规之，以为日行道。欲明其四时所在：故于春也，则以青为道；于夏也，则以赤为道；于秋也，则以白为道；于冬也，则以黑为道。四季之末，各十八日，则以黄为道。

这种盖图，又与赵爽所言者不同。由于盖图实物并无留存，赵爽所说的"青图画"与"黄图画"，既无实物，后人也难知其详。

不过这里可以顺便提到，设计、绘制各种能反映天象的活动图盘，一直是现代业余天文爱好者乐此不疲的课题之一。这些图盘往往需要两个以上配合使用，通过转动而演示不同的天象。近年这种图盘还有获得国家专利、正式出版印制出售者。谁说这些图盘中没有一点古时盖图的遗意呢？其实西方古代制作的星盘，所依据的原理中也有类似成分。

5 二十八宿与黄道

二十八宿系统的起源问题，一直是中外学者聚讼不决的大谜案。之所以不容易获得定论，主要原因是留下的历史资料太少，使问题无法获得确定答案，而各种大胆想象也就有了竞相驰骋的广阔余地。因此，进一步搜寻新的有关史料，显然是将

（唐）梁令瓒《五星及廿八宿神形图》（局部）

日本大阪市立美术馆藏

这一课题向前推进所需做的必不可少的努力。

而《周髀算经》中就有一条重要史料，却似乎从未见前贤注意及此。

要论定二十八宿是起源于中国，还是起源于巴比伦、印度、波斯，需要确定其年代；要确定其起源的年代，重要的方法之一，是根据星象，用天文学原理推算，而这就需要知道二十八宿在初建立时是以黄道为基准还是以赤道为基准。

由于中国传统天学在确立之后一直采用赤道坐标系统，而二十八宿体系则是中国天学长期使用的天球坐标，这使得许多人想当然地认为二十八宿从一开始就是以赤道为基准的。然而事实未必如此。例如，就二十八颗距星的分布而言，与黄道的吻合情况明显优于赤道：胃宿距星赤纬达27°多，尾宿距星的赤纬更达−37°（南纬）有余，而各距星的黄纬则没有如此之大的数值。（江晓原：《巴比伦—中国天文学史

上的几个问题》)

　　而在《周髀算经》原文及赵爽注中，我们可以看到二十八宿被明确视为沿着黄道分布的。《周髀算经》卷上第（4）节中云：

　　月之道常缘宿，日道亦与宿正。

　　对此赵爽注云：

　　内衡之南，外衡之北，圆而成规，以为黄道。二十八宿列焉。月之行也，一出一入，或表或里，五月二十三分月之二十而一道一交，谓之合朔交会及月蚀相去之数，故曰"缘宿"也。日行黄道，以宿为正，故曰"宿正"。

　　上面所说的"黄道"，是否与现代天文学中的黄道概念相当？从上下文来分析，无疑是相当的——黄道本来就是根据太阳周年视运动轨迹定义的。于是可知：《周髀算经》的作者以及为之作注的赵爽，都认为二十八宿是列于黄道的，或者说，是以黄道为基准的。

上述结论，还可以在赵爽注文中发现另一处表述，即前引《周髀算经》第（6）节"七衡图"下的赵爽注，其中也非常明确地说："黄图画者，黄道也，二十八宿列焉，日月星辰躔焉。"日月所躔，当然是黄道（严格地说，月球运行的是白道，与黄道有5°左右的小倾角，但古人论述时也常不作区分）。

所以我们可以得到结论：

在汉代及此前，至少有一部分中国天学家，认为二十八宿是沿着黄道分布，即以黄道为基准的。

6　两分两至点与北极的距离

《周髀算经》卷下第（12）节，迄今仍是一个未解之谜。这一节中，用了很长的篇幅依次推算牵牛、娄、角、东井四宿（应该理解为此四宿所代表的两分两至点，因为按《周髀算经》的说法，此四宿依次是冬至、春分、秋分、夏至时太阳所在的位置）与北极的距离，实际上也就是七衡图中外衡（冬至日所在）、中衡（春、秋分日所在）、内衡（夏至日所在）与北极的距离。

之所以成为谜，是因为《周髀算经》对这些数据的推算过程和出发点都是荒谬的，在天文学原理上讲不通，然而所推得的数据却又与现代天文学中两分两至点距北极的距离非常吻合。

《周髀算经》先将内衡周长（357 000里）以周天度数365.25度去除，得到所谓"内衡一度数"，再用"内衡一度数"依次去除外衡半径（要先减去"璇玑"半径11 500里）、中衡半径、内衡半径（要先加上"璇玑"半径），所得即依次为牵牛、娄与角、东井距北极的度数。这样的推算方法，从天文学原理来说，完全讲不通，迄今为止也没有人能指出这样推算究竟依据什么义理。

然而，按照《周髀算经》的宇宙模型，外衡、中衡、内衡分别为冬至、春秋分、夏至日道，因此牵牛、娄与角、东井距北极的度数，确实能与现代天文学中冬至、春秋分、夏至点的意义相对应。《周髀算经》用荒谬的步骤，推算而得的三个数据，如换算成 360° 圆周的分划法，可列出如次：

冬至日道距北极：114°2′52″

春秋分日道距北极：90°

夏至日道距北极：65°58′8″

可以从好几个角度证明，上述三个数值本身非常符合现代天文学的结论。例如，以上列第一值减第二值，或第二值减第三值，都可得到一个最基本的天文数据，称为黄赤交角，通常用希腊字母 ε 表示：

$$\varepsilon_{周髀} = 24°2′52″$$

而《周髀算经》时代的真实黄赤交角值，可以用纽康（S.Newcomb）公式逆推而得，根据上文所采纳的《周髀算经》成书年代——约公元前100年，就有：

$$\varepsilon_{100B.C.} = 23°27′8.26″ - 46.845″T$$

纽康（1835—1909）

加拿大天文学家

上式只保留了纽康公式中的一次项（高次项的精度在这里没有意义）。T 的单位是百年，由于纽康公式以公元 1901 年为起算原点，故上式中的 T 应取 -20，代入即得：

$$\varepsilon_{100\text{B.C.}}=23°42'45''$$

将 $\varepsilon_{周髀}$ 与此值相比，仅差 $20'7''$，可以算非常准确了。

荒谬的、错误的推算方法，为何竟能得出有意义的、非常准确的数值呢？结论看来只能是：《周髀算经》中这些数值是当时已有的，而推算方法则是作者编凑的。这样推测不是没有根据的，因为中国天学家早已能够获得相当精确的 ε 值。

7　日照十六万七千里

《周髀算经》卷上第（4）节中说：

日照四旁各十六万七千里。

人所望见，远近宜如日光所照。

这是说，太阳光芒向四周照射的极限距离达到 167 000
里，而人极目远望所能达到的极限距离也是同样数值。换言
之，人看不到 167 000 里之外的景物（注意《周髀算经》中的天、
地都是平面），太阳的光芒也照不到 167 000 里之外。从结构上
来看，这条原则应属《周髀算经》中的基本假设，或即公理。
因为这条原则并不是导出的，而是设定的。

以往学者们在这个问题上的研究，主要是试图根据《周
髀算经》所交代的有关数学关系式，以说明此 167 000 里之
值因何而取。尽管各家的说明方案在细节上略有差异，但主
要的结论是一致的，即认为这个数值是《周髀算经》作者
为构造他的盖天宇宙模式而引入的，或者也可以说是凑出
来的。

但这里应该注意，拼凑数据固然难免脱离客观实际，然
而我们不能不承认，这在同时却也是作者采用"公理化方
法"构造盖天几何体系的必要步骤之一。而且我们还应注意
到，《周髀算经》引入 167 000 里这个值之后，在"说明现
象"上确能取得相当程度的成功，正如程贞一、席泽宗所指
出的：

由这光照半径，陈子模型（按即指《周髀算经》中的盖天宇宙模型）大致上可解释昼夜现象及昼夜长短随着太阳轨道迁移的变化。……同时也可以解释北极之下一年四季所见日光现象（文献21）。

这个结论是正确的。在那个时代的中国，能构造出这样一个几何模型，并能大致上解释实测结果，已是难能可贵了。

不过，若仔细分析起来，则《周髀算经》假定日照极限167 000里之后，在其宇宙模型中仍不无捉襟见肘之处。最明显的一个例子是春秋分日的日出方位。在这两天，太阳从正东方升起而在正西方落下，但依据《周髀算经》的几何模型，和日照167 000里的设定，则太阳将从周地的东北方升起而至西北方落下，明显违背了观测事实。

对于这一破绽，《周髀算经》采取缄口不言的回避之法。而在同时，它能够正确地推导出，冬至日那天在周地正东西方向见不到太阳，明白写道"冬至之日正东西方不见日"。如果调整167 000这一设定数值，就可以在春秋分日日出方位上自圆其说；但这样一来冬至日日出方位就要出问题。这就是《周髀算经》在引入"日照十六万七千里"时的捉襟见肘之处。类似的例子还有几处（详细情况可参见文献 20 及 16）。

8 《周髀算经》的宇宙边界

《周髀算经》中的盖天宇宙模型，是一个有限宇宙：天、地均为圆形的平行平面，中间相距 80 000 里；而这两个大圆的直径为 810 000 里。这个数值在《周髀算经》中属于导出数值，而非设定者。这都是就文本所呈现的结构形式而言，至于在写书之前，作者心中哪些数据是设定的，哪些数据是有待导出的，今人当然无法得知，因为任何数据都是可以编凑的。所以我们显然只能根据书中所实际呈现出来的结构形式进行分析。前文所讨论的"勾之损益寸千里"关系式，也应作如是观。

关于宇宙直径为 810 000 里，《周髀算经》中有两处相似的推导。一处见卷上第（4）节近结尾处：

> 冬至昼，夏至夜，差数所及，日光所逮观之，四极径

八十一万里，周二百四十三万里（注意此处仍用圆周率为3）。

另一处见卷上第（6）节中：

日冬至所照，过北衡十六万七千里，为径八十一万里，周二百四十三万里。

这两处推导很容易明白：冬至日道是太阳自身走得最远处（以北极为中心），此日道的半径为 238 000 里，太阳在此处又可将其光芒向四周射出 167 000 里，两值相加，得到 405 000 里，这是宇宙的半径，所以宇宙直径为 810 000 里。注意这里宇宙直径是在前面设定的日照 167 000 里之上导出的。

宇宙为直径 810 000 里的圆周，那么在此之外是什么？《周髀算经》的作者已经虑及这一问题，卷上第（6）节中云：

过此而往者，未之或知。或知者，或疑其可知，或疑其难知。此言上圣不学而知之。

作者对宇宙边界之外是什么，表示存疑，而不进行武断，这当然是明智的做法。上引这段《周髀算经》的论述，其语气很容易使人联想到汉代张衡所作《灵宪》中的一段话：

> 过此而往者，未之或知也。未之或知者，宇宙之谓也。宇之表无极，宙之端无穷。

注意《灵宪》"宇宙"二字的用法，与我们所习惯的用法不同，它是用"宇宙"来指称天地边界之外的情形；但从"宇之表无极，宙之端无穷"来看，在用来指"时空"这一点上倒又与现代的用法吻合——至于宇宙究竟有限还是无限，那是另一问题。

《周髀算经》和《灵宪》，对于它们各自所构建的迥然不同的天地结构之外的情形，都表示"过此而往者，未之或知"（注意连语句都一字不异）。盖天家和浑天家的经典著作在这一问题上采取几乎完全相同的立场，是值得思考研究的。

这里我们只是提请注意，古人虽然用"宇宙"一词来指时空，这一点与今天的用法相同，但古人心目中的"宇宙"，究竟是他们的天地结构，还是这结构之外的"未之或知"的情形，或者是现代天文学家们在浩瀚太空中不断扩展着的视界，都尚无定论，需要在各种具体情况下仔细辨析。

附录 3：唐李淳风论周髀晷影之长

著者按：《周髀算经》的宇宙模型中，天与地为相距 80 000 里的平行平面，只是在中央北极所在之处才各自相应隆起一高 60 000 里、底面直径为 23 000 里的柱状物（详见本书《周髀算经》盖天宇宙模型侧视半剖面示意图所示）。在这一模型之中，《周髀算经》所构造的数理都能自洽，"日影千里差一寸"的关系式也完全能够成立。

但是由于这种宇宙模型并未反映客观真实，上述关系式也不能与实际观测吻合。据传统的说法，浑天说虽在古代中国长期占据统治地位，但盖天家"日影千里差一寸"的关系式却一直被接受和相信着，直到公元 724 年，僧一行和南宫说等人的大规模天文测量后才被否定。然而，从下面这篇文献来看，李淳风（602—670）早已列举历史上的实测记录，明确否定了

"日影千里差一寸"的关系式。下面是李淳风在注释《周髀算经》时附录的大批前代记录以及他所作的排比分析：

且自古论晷影差变，每有不同。今略其梗概，取其推步之要。

《尚书·考灵曜》云："日永影尺五寸，日短一十三尺。日正南千里而减一寸。"张衡《灵宪》云："悬天之晷，薄地之仪，皆移千里而差一寸。"郑玄注《周礼》云："凡日影于地，千里而差一寸。"王蕃、姜岌因此为说。按前诸说，差数并同，其言更出书，非真有此。以事考量，恐非实矣。

谨案宋元嘉十九年岁在壬午，遣使往交州度日影，夏至之日影在表南三寸二分。《太康地理志》：交趾去洛阳一万一千里，阳城去洛阳一百八十里。交趾西南，望阳城、洛阳，在其东北。较而言之，今阳城去交趾近于洛阳去交趾一百八十里，则交趾去阳城一万八百二十里，而影差尺有八寸二分，是六百里而影差一寸也。况复人路迂回，羊肠曲折，方于鸟道，所较弥多，以事验之，又未盈五百里而差一寸，明矣。千里之言，固非实也。何承天又云："诏以土圭测影，考较二至，差三日有余。从来积岁及交州所上，检其增减，亦相符合。"此则影差之验也。

　　《周礼》大司徒职曰："夏至之影尺有五寸。"马融以为洛阳，郑玄以为阳城。《尚书·考灵曜》："日永影一尺五寸。"郑玄以为阳城日短十三尺。《易纬·通卦验》："夏至影尺有四寸八分，冬至一丈三尺。"刘向《洪范传》："夏至影一尺五寸八分。"是时汉都长安，而向不言测影处所，若在长安，则非晷影之正也。夏至影长一尺五寸八分，冬至一丈三尺一寸四分。向又云"春秋分长七尺三寸六分"，此即总是虚妄。

　　《后汉·历志》："夏至影一尺五寸。"后汉洛阳冬至一丈三尺。自梁天监以前并同此数。魏景初，夏至影一尺五寸。魏初都许昌，与颍川相近；后都洛阳，又在地中之数。但《易纬》因汉历旧影，似不别影之，冬至一丈三尺。晋姜岌影一尺五寸。宋都建康在江表，验影之数遥取阳城，冬至一丈三尺。宋大明祖冲之历，夏至影一尺五寸。宋都秣陵，遥取影同前，冬至一丈三尺。后魏信都芳注《周髀四术》云（按永平元年戊子是梁天监之七年也）：见洛阳测影，又见公孙崇集诸朝士共观秘书影，同是夏至之日，以八尺之表测日中影，皆长一尺五寸八分，虽无六寸，近六寸。

　　梁武帝大同十年，太史令虞劇以九尺表于江左建康测夏至日中影，长一尺三寸二分；以八尺表测之，影长一尺一寸七分强。冬至一丈三尺七分；八尺表影长一丈一尺六寸二分弱。

隋开皇元年，冬至影长一丈二尺七寸二分。开皇二年，夏至影一尺四寸八分。冬至长安测，夏至洛阳测。及王邵《隋灵感志》：冬一丈二尺七寸二分，长安测也。开皇四年，夏至一尺四寸八分，洛阳测也。冬至一丈二尺八寸八分，洛阳测也。大唐贞观二年己丑五月二十三日癸亥夏至，中影一尺四寸六分，长安测也。十一月二十九日丙寅冬至，中影一丈二尺六寸三分，长安测也。

按汉、魏及隋所记夏至中影或长或短，齐其盈缩之中，则夏至之影尺有五寸为近定实矣。以《周官》推之，洛阳为所交会，则冬至一丈二尺五寸亦为近矣。按梁武帝都金陵，去洛阳南北大较千里，以尺表令其有九尺影，则大同十年江左八尺表夏至中影长一尺一寸七分，若是为夏至八尺表千里而差三寸强矣。此推验即是夏至影差升降不同，南北远近数亦有异。若以一等永定，恐皆乖理之实。

——录自钱宝琮校点《算经十书》，

中华书局（1963），页 30—31。

四 《周髀算经》与西方世界

在许多人心目中,《周髀算经》是纯粹的"国粹",讨论《周髀算经》中有没有来自西方的成分,是一种近乎离经叛道的行为。笔者当年,为此写了一组三篇论文(本书文献 23、24、25),逐渐递进,摆事实,讲道理,终于说服了同行权威——以这组论文顺利发表在《自然辩证法通讯》(1996)《自然科学史研究》(1996、1997)上为标志。

1 盖天宇宙与古印度宇宙惊人地相似

由前面的论述,我们已经知道《周髀算经》中的盖天宇宙有着如下特征:

1. 大地为圆形平面;

2. 大地中央矗立着高高的柱状物"璇玑";

3. 该宇宙模型的构造者为自己居息之处确定了在圆形大地上的位置,并且这位置不在中央而是偏南;

4. 大地中央的柱状物向上延伸至天处为北极;

5. 日、月、星辰在天上环绕北极作圆周运动;

6. 太阳在这种圆周运动中有着多重同心轨道,并以半年为周期(一年往返一遍)作规律性轨道迁移;

7. 太阳的上述运行模式,可以在相当程度上说明昼夜成因和太阳周年视运动中的一些天象。

我们可以发现,上述七项特征竟与古代印度的宇宙模型全都吻合!这样的现象恐怕不是偶然的,值得加以注意与研究。

关于古代印度的宇宙模型,主要保存在一些《往世书》(*Puranas*)中。《往世书》是印度教的圣典,同时又是古代史籍,带有百科全书性质。它们的确切成书年代难以判定,但其中关于宇宙模式的一套概念,学者们相信可以追溯到吠陀时代——约公元前 1000 年之前,因而是非常古老的。《往世书》

中的宇宙模式可以概述如下：

　　大地像平底的圆盘，在大地中央矗立着巍峨的高山，名为
迷卢（Meru，也即汉译佛经中的"须弥山"，或作Sumeru，又译成
"苏迷卢"）。迷卢山外围绕着环形陆地，此陆地又为环形大海所

（元）缂丝须弥山曼陀罗

美国纽约大都会艺术博物馆藏

围绕……如此递相环绕向外延展，共有七圈大陆和七圈海洋。印度位于迷卢山的南方。

在与大地平行的天上有着一系列天轮，这些天轮的共同轴心就是迷卢山，迷卢山的顶端就是北极星（Dhruva）所在之处，诸天轮携带着各种天体绕之旋转；这些天体包括日、月、星辰……以及五大行星，依次为水星、金星、火星、木星和土星。

利用迷卢山可以解释黑夜与白昼的交替。携带太阳的天轮上有180条轨道，太阳每天迁移一轨，半年后反向重复，以此来描述日出方位角的周年变化。

（D. Pingree：*History of Mathematical Astronomy in India, Dictionary of Scientific Biography*）

又唐代释道宣《释迦方志》卷上，也记述了古代印度宇宙模型，细节上恰可与上引记载相互补充：

苏迷卢山，即经所谓须弥山也，在大海中，据金轮表，半

道宣律师像
日本镰仓时代，奈良国立博物馆藏

出海上八万由旬，日月回薄于其腰也。外有金山七重围之，中各海水，具八功德。

据上引这些记载，古代印度宇宙模型与《周髀算经》盖天宇宙模型确有惊人的相似之处，在细节上几乎处处吻合：

两者的大地与天都是圆形的；且都为平行平面；"璇玑"和迷卢山同样扮演了大地中央的"天柱"角色；周地和印度都被置于各自宇宙中大地的南半部分；"璇玑"和迷卢山的正上方都是各种天体旋转的枢轴——北极；如果说迷卢山外的"七山七海"在数字上使人联想到七衡六间的话，那么印度宇宙中太阳天轮的180条轨道无论从性质还是功能来说都与七衡六间完全一致（太阳在七衡之间的往返也是每天连续移动的）。特别值得指出，《周髀算经》中天与地的距离是八万里，而迷卢山也是高出海上"八万由旬"，同为八万单位，真是巧合之至。

在人类发展史上，文化的多元自发生成是完全可能的，因此许多不同文明中的相似之处也可能是偶然巧合。但《周髀算经》中的盖天宇宙模型与古代印度的宇宙模型之间实在太相似了，从整个格局到许多细节都一一吻合，如果仍用"偶然巧合"去解释，那就显得实在太勉强了，所以在这里先将这一高度相似现象提请读者注意。

2 《周髀算经》中寒暑五带知识的来源

《周髀算经》中有相当于今人熟知的关于地球上寒暑五带的知识。这是一个非常令人惊异的现象，因为这类知识是以往两千年间中国传统天学中所没有、而且不相信的。

这些知识在《周髀算经》中主要见于卷下第（9）节：

极下不生万物，何以知之？……北极左右，夏有不释之冰。

中衡去周七万五千五百里。中衡左右冬有不死之草，夏长之类。此阳彰阴微，故万物不死，五谷一岁再熟。

凡北极之左右，物有朝生暮获，冬生之类。

这里需要先作一些说明。上引第二则中，所谓"中衡左右"，赵爽认为是指"内衡之外，外衡之内"；而这一区域正好对应于地球寒暑五带中的热带（南纬 23.5°—北纬 23.5° 之间）——尽管《周髀算经》中并无地球的观念。

上引第三则中，说北极左右"物有朝生暮获"，这必须联系到《周髀算经》盖天宇宙模型对极昼、极夜现象的演绎描述能力：据前所述，"璇玑"的半径值为 11 500 里，而"日照四旁"的极限为 167 000 里，这样，由前文《周髀算经》盖天宇宙模型侧视半剖面示意图清楚可见，每年从春分至秋分期间，在"璇玑"范围内将出现极昼——昼夜始终在阳光之下（119 000+11 500=130 500<167 000）；而从秋分至春分期间则为极夜，因为阳光在此期间的任何时刻都照射不到"璇玑"范围之内（238 000－11 500=226 500>167 000）。也就是赵爽注文中所说"北极之下，从春分至秋分为昼，从秋分至春分为夜"，故云"物有朝生暮获"，因为是以半年为昼，半年为夜之故。这样《周髀算经》就也能够描述极昼／极夜现象。

上述《周髀算经》中关于寒暑五带的知识，其结果是正确的（尽管所使用的模型在今天看来不正确）。然而这些知识却并不是两千年间中国传统天学中的组成部分。对于这一奇怪现象，可从几方面加以讨论：

首先，为《周髀算经》作注的赵爽，竟然就表示不相信书中的这些知识。

对于北极附近"夏有不释之冰"，赵爽注称："冰冻不解，是以推之，夏至之日外衡之下为冬矣，万物当死——此日远近为冬夏，非阴阳之气，爽或疑焉。"

对于"冬有不死之草""阳彰阴微""五谷一岁再熟"的热带，赵爽表示"此欲以内衡之外、外衡之内，常为夏也。然其修广，爽未之前闻"——他从未听说过。

我们从赵爽为《周髀算经》全书所作的注释来判断，他毫无疑问是那个时代够格的天学家之一，为什么竟从未听说过这些寒暑五带知识？比较合理的解释，似乎只能是——这些知识并非中国传统天学体系中的组成部分，它们是新奇的，与旧有认知格格不入，因而是难以置信的。

其次，在古代中国居统治地位的天文学说——浑天说中，由于没有正确的地球概念，是不可能提出寒暑五带之类的问题的（文献 20）。因此当明朝末年来华的耶稣会传教士在他们的中文著作中向中国读者介绍寒暑五带知识时，被中国人目为未之前闻的新说。

这类著作中最早的当推《无极天主正教真传实录》，1593 年刊行，其中论及大地为球形，南北半球各分为寒、温、热带，并有附图。影响最大的则当推利玛窦（Matteo Ricci）所撰《坤舆万国全图》，于 1602 年刊刻印行。稍后有艾儒略（Jules Aleni）作《职方外纪》（1623），所述较利氏之书更详。

这些著作使明末清初的中国学者得知了地球寒暑五带之说。当清初"西学中源"思潮甚嚣尘上时，梅文鼎等人为寒暑五带之说寻找中国源头，找到的正是《周髀算经》——他们认为是《周髀算经》等中国学说在上古时传入西方，才教会希腊人、罗马人和阿拉伯人掌握天文学知识。

（意大利）利玛窦《坤舆万国全图》

日本东北大学图书馆藏

现在我们的问题是，既然在浑天学说中因没有地球概念而不可能得出寒暑五带知识，那么《周髀算经》中同样没有地球概念，何以却能记载这些知识？如果说《周髀算经》的作者身处北温带之中，只是根据越向北越冷、越往南越热，就能推演出北极"夏有不释之冰"、热带"五谷一岁再熟"之类的现象，那浑天家何以偏就不能？况且赵爽为《周髀算经》作注，他总该是接受盖天学说之人，何以连他都对这些知识不能相信？这样看来，我们有必要考虑这些知识传自异域的可能性。

大地为球形、地理经纬度、寒暑五带等知识，早在古希腊时期就已系统完备，一直沿用至今。五带之说在亚里士多德

亚里士多德半身像

罗马国家博物馆藏

著作中已发其端，至"地理学之父"埃拉托色尼（Eratosthenes，公元前275—前195年）的《地理学概论》中，已有完整五带：南纬24°至北纬24°之间为热带，两极处各24°区域为南、北寒带，南纬24°—66°和北纬24°—66°间则为南、北温带。

从年代上来说，古希腊天文学家确立这些知识早在《周髀算经》成书之前。当然，我们尚不能由此就断定《周髀算经》中的寒暑五带知识必定是来自古希腊。这里仍仅限于先将此一可能性提请注意。

3 再谈《周髀算经》的坐标体系问题

以浑天学说为基础的传统中国天学体系，完全属于赤道坐标系。这个体系中，首先要知道观测地点所见的"北极出地"度数——在数值上就是今天所说的当地地理纬度，由此建立起赤道坐标系。

在中国传统天学中，天球上的坐标系由二十八宿系统构成，在这个系统中，天体的位置由两个元素决定："入宿度"和"去极度"。"入宿度"相当于现代的赤经差（因二十八宿的距星是标准星，它们的赤经是已确定的），"去极度"是现代赤纬的余角（即90°减去赤纬），两者在性质和功能上与现代的赤经、赤纬完全等价。

与赤道坐标系相适应，古代中国的测角仪器——以浑仪为代表——也全是赤道式的。中国传统天学的赤道特征，引起近代西方汉学家的特别注意，因为发端于古希腊的西方天文学，两千年间一直是黄道体系，直到16世纪晚期才出现重要的赤道式天文仪器，这还被看作丹麦天文学家第谷（Tycho Brahe，1546—1601年）的一大发明。而在现代中外学者的研究中，传统中国天学的赤道特征已是公认之事。

在《周髀算经》一书中，我们却看不到这种赤道体系的特

ARMILLÆ ALIÆ ÆQVATORIÆ.

GLOBVS MAGNVS
ORICHALCICVS.

QVADRANS VOLVBILIS
AZIMVTHALIS.

ARCVS BIPARTITVS
MINORIBVS SIDERVM
distantiis inserviens.

丹麦天文学家第谷 1598 年出版的《新天文仪器》中的版画图

征。测定二十八宿距星坐标的方案，是在地平坐标系中实施的（详见本书第三章）。

《周髀算经》例举二十八宿距星测量结果时，袭用了一个赤道坐标值（牛、女两宿距星间的赤经差为8°）。当时既有这样的值可供袭用，而且这个值在以后的传统天学体系中仍被长期沿用，足见《周髀算经》成书时，以浑天说为基础的中国传统天学体系——该体系以赤道坐标系为其特征——至少已颇具规模。

然而《周髀算经》的作者，却在详细陈述地平坐标系中的测量方案，而且似乎并不虑及这一方案与他所袭用的数值之间的明显矛盾。这一现象值得深思，在它背后可能隐含着某些重要线索。

从《周髀算经》全书来看，似乎作者除了具有中国传统天学知识外，还从别处获得了一些别的天文学知识；这些不知得自何处的新知识，与中国传统天学不属于同一体系，然而《周髀算经》的作者显然又十分珍视这些新知识，因此他竭力糅合两者，试图创造出一个全新的天文学说。

　　《周髀算经》作者的这种尝试，在一定程度上可以说是成功的——《周髀算经》确实自成体系，自具特色，尽管也不可避免地有一些破绽和矛盾。书中与中国传统天学无法融合的成分，除本章所述宇宙模型、寒暑五带及坐标系统三方面外，还有值得特别注意之处，我们将从新的视角在后文讨论。

在《周髀算经》中，使用的数学工具其实相当简单初级（例如取圆周率为3），其中涉及的勾股定理，可以说已经是全书中最复杂的数学问题了。况且许多人一听说《周髀算经》，立刻想到的就是勾股定理，而不是盖天宇宙模型。所以我们有必要为《周髀算经》中的勾股定理问题设立专章，详细讨论一番。

1 特例，还是普适情形？

《周髀算经》原文中有两处直接讲到勾股定理。第一处即全书第（1）节中商高对周公谈到矩时所说：

故折矩以为勾广三，股修四，径隅五。既方其外，半之一

汉代铜矩尺

陕西历史博物馆藏

矩。环而共盘，得成三四五。两矩共长二十有五，是谓积矩。

　　矩的基本形状，就是一个直角三角形，故上述引文无疑陈述了勾股定理在直角三角形三边之长分别为 3、4、5 时的特例：

$$3^2+4^2=5^2$$

　　第二处见卷上第（3）节：

　　候勾六尺……从髀至日下六万里而髀无影。从此以上至日，则八万里。若求邪（音、义俱同斜）至日者，以日下为勾，日高为股。勾、股各自乘，并而开方除之，得邪至日，从髀所旁至日所十万里。

　　参看前文"日影千里差一寸"示意图，很容易明白这段论述正是勾股定理的一次具体应用。但是显而易见，这次仍是直角三角形三边之长为 3、4、5 时的特例（只是各乘以系数 2，成为 6、8、10 而已）。这样看来，许多学者认为《周髀算经》中出现的勾股定理虽是特例，但确属有据可查，因而可以采信。

然而，也有一些学者对此另有异议，他们认为《周髀算经》中的勾股定理不限于 3、4、5 的特例，而是普适的。主要理由是：书中有三处使用了能由勾股定理算出的数据，而这三处所涉及的数值不满足 3、4、5 的特殊比例。对此需要稍作讨论。

这三处数值集中见于卷上第（4）节中，依次列出如下：

夏至之日正东西望，直周东西日下至周五万九千五百九十八里半。

冬至之日正东西方不见日，以算求之，日下至周二十一万四千五百五十七里半。

（从周至宇宙边界——日照极限处）东西各三十九万一千六百八十三里半。

关于这些数据的推算及意义，参见下图：

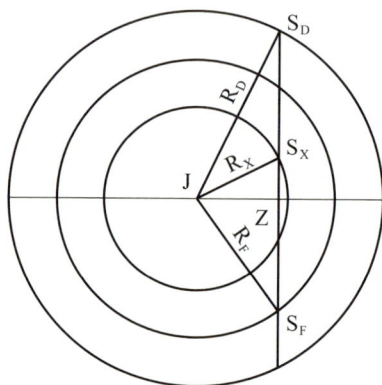

J：北极　　R_X：夏至日道半径（119000 里）

Z：周地　　R_F：春、秋分日道半径（$=1\frac{1}{2}R_X$）

R_D：冬至日道半径（$=2R_X$）

周地分、至日东西望日图

其中前两个数值已于上图由线段表示，即

$ZS_X \approx 59\,598.5$ 里（由 $ZS_X{}^2+JZ^2=R_x{}^2$ 解算而得）

$ZS_D \approx 214\,557.5$ 里（由 $ZS_D{}^2+JZ^2=R_D{}^2$ 解算而得）

第三个数值所代表的线段在上图中未绘出，但原理与前两个一样，只需将半径为 R_D 的外衡圆周代之以半径为 405 000 里的宇宙边界圆周，再将线段 ZS_D 延长至与此大圆周相交即可，Z 与此交点之间的长度即 391 683.5 里。

由上图清楚可见，上述三个数值确实可以引用勾股定理算得，而且其中数值明显不成 3、4、5 的比例。因此认为《周髀算经》中有普适的勾股定理的主张，也有道理。

但是我们必须加以辨析的是，一方面，《周髀算经》中明确陈述的勾股定理，确实只有 3、4、5 的特例，即见于第（1）节和第（3）节中的两处；而另一方面，它虽在第（4）节中使用了普适情形的勾股定理，却并未将之明确陈述出来。此外，我们还必须注意，无论是勾股定理的普适情形还是特例，《周髀算经》原书中都没有对之作出证明——对普适情形的勾股定理的证明，是赵爽在为《周髀算经》所作注文中完成的（参见下文附录 4）。

最后还可以指出，像这样在陈述勾股定理时仅限于 3、4、5 的特例，《周髀算经》中并非绝无仅有的罕见现象，本书附录 6 就提供了一个古罗马著作中的相同例证。

2　勾股定理可否称为"商高定理"？

西学东渐之后，中国人知道勾股定理在西方被称为毕达哥拉斯（Pythagoras）定理。看到中国"古已有之"的定理以西人名字命名，一些中国人心中感到不平。在 1920 年代，有的中学数学教科书中，就赫然将毕达哥拉斯定理改称为"商高定理"，理由是商高既与周公对话，必为周公同时代人，则年代早于毕达哥拉斯数百年。到 1950 年代，在特定的时代氛围中，不少人更以激情谈学术，纷纷旧话重提，主张将勾股定理"正名"为"商高定理"。其流风余韵，至 1980 年代仍可偶尔一见。

这个问题应该如何看待？其实，早在 1929 年，数学史专家钱宝琮就已有极好的论述：

今人撰算书称勾股定理，不曰毕达哥拉斯定理，而曰商高定理，以尊重国学，意至善也。余则以为算学名词宜求信达。周公同时有无商高其人，《周髀》之术，姑不具论，藉曰有之，亦不过当时知有勾三、股四、弦五之率耳，不足以言勾股通例也。中国勾股算术至西汉时《周髀算经》撰著时代始有萌芽，实较希腊诸家几何学为晚。题曰商高，似属未妥（文献 9）。

90 余年过去，钱宝琮的上引论述仍是完全正确的。事实上，将这个定理称为勾股定理是最为稳妥的——既简洁明了，又避免了无谓的发明人之争，而且仍不乏中国特色。

附录4：赵爽《周髀算经》注中的勾股论

著者按：赵爽在《周髀算经》卷上的注文中，插入一篇短文专论勾股之术。这篇勾股论中特别值得注意的一点是：赵爽所论证的勾股定理，已具有普遍适用的形式，不再局限于《周髀算经》原文中"勾三股四弦五"的特殊情形。

本篇原有赵爽所绘之图相辅而行，故文中有"朱实""黄实"等语，但原图都已佚失，传世各本中之图，颇多错误，钱宝琮认为系后人杜撰。钱宝琮乃根据赵爽原文，重新绘制并详加解说，应与本篇相参研读。

还有一点值得指出，赵爽证明勾股定理，主要是应用了等面积原理，而西方历史上对勾股定理的一些著名论证，如欧几里得（Euclid）、达·芬奇（da Vinci）、威伯（Wipper）、爱泼斯坦（Epstein）、潘利迦（H. Perigal）等人所作的，采用图形移补之法，所依据的也是等面积原理。在这一问题上，东西方先贤们可谓不谋而合。

　　勾，股各自乘，并之为弦实，开方除之，即弦。案弦图又可以勾、股相乘为朱实二，倍之为朱实四。以勾、股之差自相乘为中黄实。加差实一亦成弦实。以差实减弦实，半其余，以差为从法，开方除之，复得勾矣。加差于勾，即股。凡并勾、股之实即成弦实。或方于内，或矩于外。形诡而量均，体殊而数齐。勾实之矩以股、弦差为广，股、弦并为袤。而股实方其里。减矩勾之实于弦实，开其余即股。倍股在两边为从法，开矩勾之角即股、弦差。加股为弦，以差除勾实，得股、弦并。以并除勾实，亦得股、弦差。令并自乘，与勾实为实，倍并为法，所得亦弦。勾实减并自乘，如法为股，股实之矩以勾、弦差为广、勾、弦并为袤，而勾实方其里。减矩股之实于弦实，开其余即勾。倍勾在两边为从法，开矩股之角即勾、弦差。加勾为弦，以差除股实，得勾、弦并。以并除股实，亦得勾、弦差。令并自乘，与股实为实，倍并为法，所得亦弦。股实减并自乘，如法为勾。两差相乘，倍而开之，所得以股、弦差增之，为勾；以勾、弦差增之，为股；两差增之，为弦。倍弦实列勾、股差实，见并实者，以图考之，倍弦实满外大方而多黄实，黄实之多，即勾、股差实。以差实减之，开其余，得外大方。大方之面，即勾、股并也。令并自乘，倍弦实乃减之，开其余，得中黄方。黄方之面，即勾、股差。以差减并而半之，为勾；加差于并而半之，为股。其倍弦为广、袤合，令勾、股见者自乘为其实，四实以减之，开其余，所得为差。以差减合，半其余为广，减广于弦，即所求也。观其迭相规矩，共为返覆，互与通分，各有所得。然则统叙群伦，宏纪众理，贯幽入微，钩深致远。故曰：其裁制万物，唯所为之也。

——录自钱宝琮校点《算经十书》，

中华书局（1963），页18。

附录5：欧几里得对勾股定理的证明

著者按：勾股定理在西方习称为毕达哥拉斯（Pythagoras）定理。毕氏为公元前六七世纪之交时人。事实上，早在毕氏之前一千多年，古巴比伦人就已经知道这一定理。而毕氏本人是否为这一定理作出过证明，也未有确切证据。

毕氏之后的两千年间，西方才智之士不断对这一定理作出各自的证明，这些不同的证明方案至少有 370 种以上。

欧几里得在他的《几何原本》第一卷命题 47 中对这一定理的证明，被认为是特别简洁、优美的一个。他所用的图形还被美称为"修士头巾"或"新娘轿椅"。欧几里得也是依据等面积原理来完成证明的。

欧几里得生活在公元前 300 年左右，相当于中国的战国时代晚期。

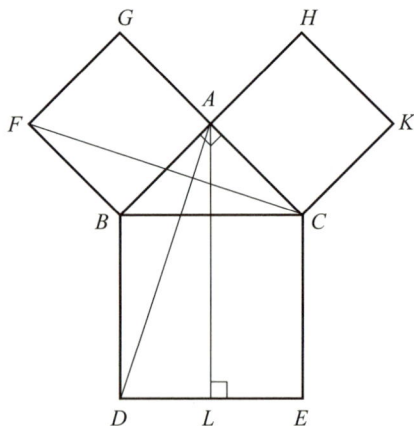

欧几里得对勾股定理的证明图

如上图所示，△ABC 为直角三角形（其中 AC 为勾，AB 为股，BC 即弦）。利用关于三角形面积的定理，立刻可以证出：三角形 △ABD 与 △FBC 面积相等，而矩形 BL 的面积 =2 倍的三角形 △ABD 的面积，正方形 GB 的面积 =2△FBC，于是得出矩形 BL 的面积 = 正方形 GB 的面积。仿此又可证得：矩形 CL 的面积 = 正方形 AK 的面积。这样就有：

$$AC^2+AB^2=BC^2$$

亦即

$$勾^2+股^2=弦^2$$

——据克莱因（M.Kline）《古今数学思想》，张理京等译，上海科学技术出版社（1979），页 73。

附录6：古罗马工程师对勾股定理的记述

著者按：古罗马著名军事工程师维特鲁威（Vitruvius）于公元前 1 世纪写成《建筑十书》，是现存最完备的西方古典建

《建筑十书》木刻插图

《建筑十书》在西方建筑史上影响甚深，作者维特鲁威也很受推重，达芬奇的名作《维特鲁威人》即得名于此。

筑学大全。然而其中的"第九书"全是讨论天文学问题，几乎与建筑毫无关系。在"第九书"的序言中，维特鲁威记述了勾股定理。奇怪的是，此时欧几里得的普适证明早已完成了二百余年，但维特鲁威却仅记述了勾三股四弦五的特殊情况——恰与《周髀算经》原文的情形一样。

毕达哥拉斯说明了不按匠师们的做法也可以求出直角。匠师们虽然作了非常的努力，还几乎不能够正确地作出直角，可是应用他的教程的理论和方法，却完全能够说明它。即取三根直杆，其中一根三尺，另一根四尺，第三根五尺。如果把这三根直杆组合起来，形成三角，使其在尖端互相接触，那么它就会形成完全的直角。如果在三根直杆的各个的长度上各自绘出等边方形，那么边宽三尺的方形就成为面积九尺，四尺的方形就成为十六尺，五尺的方形就成为二十五尺。

这样，一边之长五尺的方形便得到三尺和四尺的两个方形做成的面积尺数相等的面积。当毕达哥拉斯发现了这（定理）时，他相信这一发现是由穆萨厄启示的，据说非常感谢，就向穆萨厄进献了牺牲。这个方法如同适用于各种事项和测量一样，在建筑方面当建造楼梯时，为使踏步适度而保持水平，也早已应用了。

——录自《建筑十书》，高履泰译，

中国建筑工业出版社（1986），页 198。

六 《周髀算经》的历史定位

在讨论《周髀算经》的历史定位之前，首先必须纠正一个普遍流行的观念——将《周髀算经》看成一部中国古代的"数学著作"。由于这个观念流行如此之广，笔者不得不一篇之中，三致意焉。

我们必须知道，历来《周髀算经》的受众都是非常小的，大部分人因为它是"专门之学"而对它敬而远之。在当代，虽然"振兴国学"的呼声此起彼伏不绝于耳，但绝大部分提倡国学、乃至躬自讲求国学的人，仍然会对《周髀算经》敬而远之，不敢去读它。所以既然听说它是一部"数学著作"——要不它怎么叫"算经"呢？自己又没打算去读它，那当然只能人云亦云，也将它当作一部"数学著作"了。

但是读到本书这一章的读者，肯定早就知道《周髀算经》并非"数学著作"，而是一部彻头彻尾的天文学著作。要想给

《周髀算经》一个正确的历史定位，当然只能在明确它是一部天文学著作这个前提之下来进行。

1 古代中国真正的数理天文学

在古代世界，各大文明都有自己的天文学，这些天文学不管如何形态各异，却有着一个共同的"古代天文学基本问题"——在给定的任意时间、地点，计算出太阳、月亮、五大行星在当时当地天球上的位置。

由常识可知，行星运动和日月交食（日食和月食），对于古代社会的日常生活和农业生产来说，根本不会发生任何有物理意义的影响。对于太阳和月球运动而言，如果推求精度超出了一般安排历日、标明节气的需要，

载有日食卜辞的甲骨

中国国家博物馆藏

也就与日常生活及农业生产无关了（精确推求日、月运动是为预报交食服务）。古人之所以孜孜不倦地研究行星运动和交食，主要是因为这些天象具有古人赋予它们的重大星占学意义，并能通过阐释，对古代社会中的政治、军事等国家大事发生直接作用。（江晓原：《通天：中国传统天学史》）

但《周髀算经》作为一部天文学著作，却有一个奇特的现象，即全书中完全没有提到行星运动和交食。在中国传统天学体系中，对这两类天象的推算占据了大部分位置。因此，以传统天学的立场或眼光来看，《周髀算经》即使不是本末倒置，至少也是很不完备的。对于这一点需要稍作讨论。

古代中国的历法体系，常被现代学者称之为数理天文学。如从形式上说，这自然是不错的，历法确实是由数理天文学内容所组成；但从性质和功能方面加以考察，情况就不是这样了。现代意义上的天文学，其目的是解释自然、探索自然；然而古代中国的历法却另有其服务对象。笔者多年前的研究就已表明：古代中国的各种历法，通常都以其约 95% 的篇幅，去研讨行星运动、交食推算等与日常生活及农业生产毫无关系的天象，目的是为皇家独占的星占学活动服务——提供预先推算

这些天象的手段，以便及时作出预报、解释并安排相应的"禳救"措施。（江晓原：《通天：中国传统天学史》）

回头再看《周髀算经》全书，与古代中国传统天学的经典文献（主体为历代官修正史中的《天文志》《律历志》以及单独流传的少数几部星占学专著）相比，可算是唯一例外。它绝口不言行星与交食，应该被视为它的高明之处——与星占学毫不沾边。书中对日、月运动的推求，也完全未超出安排历日、标明节气的范围。而作者的主要精力，则用在构建盖天宇宙模型上，其目的纯为解释自然、探索自然。因此我们可以说，只有《周髀算经》才是古代中国纯洁的、当之无愧的数理天文学（mathematical astronomy）。

2 公理化方法在中国的唯一实践

前面已经谈到西方科学史上的公理化方法。这种方法用之于天文学，在古代主要表现为构建宇宙（当然是限于古人所知道的宇宙）的几何模型。从欧多克斯（Eudoxus）、卡利普斯

托勒密 1515 年拉丁语版《至大论》的书影

（Callippus）、亚里士多德，到喜帕恰斯（Hipparchus），构建了一系列这样的模型，至托勒密而集前人之大成，他《至大论》（*Almagest*）中的地心几何模型，成为古希腊天文学的最高代表，也成为公理化方法在天文学方面的典范。在近代哥白尼、第谷、开普勒（Kepler）等人的研究中，虽建构的宇宙模型各自不同，但仍都是几何模型。

由于古代中国的传统天学几乎不使用任何几何方法或手段，而是依靠数值方法（表现为会合周期的叠加）去描述和推算各种天象，因此常被称为"代数的"，与"几何的"西方古典天文学形成鲜明对比。

这种说法确实有道理。中国古代占据统治地位的浑天学说，虽有一个"浑天"的大致图像（也只是用文字叙述出来），但其中既无明确的结构，更无具体的数理，甚至连其中的大地是何形状这样的基本问题都还令后世争论不休。它即使与古希腊最早的几何模型——欧多克斯的同心球模型，也无法同日而语。因此浑天学说虽然不失为一种初步的宇宙学说，却并不是一种宇宙的几何模型。

事实上，古代中国天学家心目中，根本就没有几何模型这种概念。他们用数值方法也可以相当精确地解决各种天文学课题，包括"古代天文学基本问题"，而不需要从某个几何模型出发去作推理演绎。对于宇宙究竟是什么形状和结构这类问题，中国古代天学家普遍放在一边，不去过问。

但是，在这个问题上，《周髀算经》再次成为唯一的例外——《周髀算经》构建了古代中国唯一的一个几何宇宙模型。这个盖天宇宙几何模型有明确的结构，有具体的、能够自洽的数理。作者使用了公理化方法，引入了一些公理（如天地为平行平面、日照四旁十六万七千里等），并能在此基础上，从他的几何模型出发，进行有效的演绎推理，去描述一系列天象。这应该说是一项了不起的工作。在《周髀算经》中，我们确实可以感觉到古希腊的气息。作者构建的几何宇宙模型，虽然不及他的希腊同行托勒密的模型那样精致和成功，但他在遥远的东方毕竟也尝试了，也实践了，这是意味深长的。可惜这种气息，自《周髀算经》之后就成绝响。（笔者 1988 年曾在宣城与已故李志超教授谈及有关《周髀算经》的问题，他有一个观点很值得重视：他认为他"在《周髀算经》中看到的不是一个时代的开始，而是一个时代的终结"，这大有深意）

3 关于"浑盖合一"论

浑天学说在古代中国长期处于统治地位，但盖天学说也并未销声匿迹，《周髀算经》一书流传至今，就是明证。而且《周髀算经》之外，还有与盖天相类似的其他学说（文献 16）。既然两说俱传，就有人试图调和折衷，于是有所谓"浑盖合一"论。

据现今所知，"浑盖合一"论最早发端于南北朝时期。阐述这种理论的人物，一为梁朝崔灵恩，一为北齐信都芳。《南史·崔灵恩传》记崔灵恩创论云：

先是，儒者论天，互执浑、盖二义，论盖不合浑，论浑不合盖，灵恩立义，以浑、盖为一焉。

信都芳则撰《四术周髀宗》，是一种通论浑、盖两说的著作，《北史·信都芳传》载其序中之论云：

浑天覆观，以《灵宪》为文；盖天仰观，以《周髀》为法。覆仰虽殊，大归是一。

不过上述两人的论著，都已失传，在后世也未留下什么影响，直到明末耶稣会士来华，传入西方的星盘（astrolabe），"浑盖合一"之论才又旧话重提。

星盘在古代西方，素为古希腊人、阿拉伯人及中世纪欧洲天文学家所习用。元朝的回回司天台中曾引入这种仪器。明末耶稣会士利玛窦来华，又携来星盘实物，及讲述星盘的著作。李之藻向利氏学习了星盘的结构和使用方法，编译成《浑盖通宪图说》两卷（1607 年刊行）。"浑盖通宪"是李之藻为星盘所起的名称。命名之义，他在《浑盖通宪图说》卷上"总图说第一"中说得很明白：

阿拉伯人制作的星盘

　　浑、盖旧论纷纭，推步匪异。爰有通宪，范铜为质，平测浑天，截出下规，遥远之星，所用固仅倚盖，是为浑度盖模，通而为一。

　　李之藻在星盘的结构和原理中看到浑、盖学说的融合，这并非无稽之谈，钱宝琮认为：

　　可见"浑盖通宪"的天盘、地盘和《周髀》七衡图的黄图画、青图画，用意是相同的。但天盘上的赤道、黄道和所

《浑盖通宪图说》书影

刻的星图，投影方法相当合理，地盘上有曲线作为观测对象出地、入地的界限，构造比《周髀》的七衡图精密得多（文献16）。

这个看法大体是可信的，尽管尚有待于更深入详细的考察和论证。另外，李之藻在《浑盖通宪图说》序言中也提到了崔灵恩的"浑盖合一"论，但他并未像清代某些狂热的"西学中源"论者那样，把古代阿拉伯和欧洲使用星盘的天文学家硬派作崔灵恩的徒弟。

4 关于"西学中源"论

所谓"西学中源"论,是主张西方的天文学(还有数学,后来又扩大到工艺、医学乃至各种社会科学)原是古时由中国传去的。这种论调发端于明末,盛行于清代上半叶,而有清一代始终流传不绝,鸦片战争后又出现过一次高峰。

这种论调本质上是中国封建士大夫"天朝上国"心态在受到西方科学冲击时作出的保护性反应,此处不必深论。(江晓原:《试论清代"西学中源"说》)然而,持此论者为西学所找的"源头"中,《周髀算经》竟占了颇为特殊的重要地位,这一点在此处却值得加以注意了。

"西学中源"论之集大成者为梅文鼎。梅文鼎的"西学中源"论主要见于他的《历学疑问补》卷一,此卷共收短文12篇,其中直接论述《周髀算经》为西学之源的有如下8篇:

《论西历源流本出中土即周髀之学》

《论中土历法得传入西国之由》

《论周髀中即有地圆之理》

《论浑盖通宪即古盖天遗法》

《论浑盖通宪即古盖天遗法二》

《论浑盖之器与周髀同异》

《论周髀所传之说必在唐虞以前》

《论盖天之学流传西土不止欧逻巴》

梅氏这些论述，其要点不外如下几端：

西方天文学是周代中国"畴人子弟"（天文、数学家）将周髀之学传去后发展起来的；

西方天文学中的地圆、五带、星盘等等皆可于《周髀算经》中找到渊源；

《周髀算经》虽为周公所传，其实内中学问更可追溯到"唐虞以前"，即尧、舜时代或更早；

不仅欧洲的天文学是出于周髀盖天之学，中世纪阿拉伯等民族的天文学也是同一来源。

这些论点，大致建立在臆想的基础之上，难以采信，在今天已无须置辩。但是，为西学找源头，为什么偏偏找上了《周髀算经》中的盖天之学？这绝非偶然。

我们前面已经指出，一方面，《周髀算经》中确实有着古希腊天文学的气息，而这种气息在浑天家以及中国传统天学体系之中是找不到的。另一方面，梅文鼎等人所见到的由西方传教士输入的欧洲天文学，又确实是在古希腊天文学基础上发展起来的。因此，"西学中源"论者将《周髀算经》说成西方天文学的源头固然不对，但他们意识到《周髀算经》与西方天文学有相通之处，毕竟也是有几分道理的。无论如何，毕竟没有人将《灵宪》或《浑天仪注》说成西学源头。

今天我们对中、西天文学的历史及其文化背景的了解，当然已不是昔年梅文鼎等人所能相比，那么在否定"西学中源"论之后，对于《周髀算经》而言，鄙意以为，"源"的问题暂时还只能存疑。

5 关于"浑盖优劣"论

盖天与浑天两种学说，当年也曾有过竞争和辩论，这方面

最详细的个案，当数记载
在《隋书·天文志》中的
"扬雄难盖天八事"（对这场
争论的评价可参见文献16）。
但浑、盖之间的优劣，后
来就相当明显了：

　　由于在浑天的框架之
内，可以建立行之有效的
方位天文学，根据浑天原
理而构造的仪器（浑仪、浑
象）以及设计出来的观测
方案，都能在很大程度上

扬雄像

原藏清宫南薰殿。史载扬雄本信
奉盖天之说，后在桓谭的劝引之
下改奉浑天说。

与实际符合，并且可以通过改进仪器部件及计算方法，来增加
这种符合的精确程度。总而言之，由于浑天学说更经得起实践
的检验，因此它取得了统治地位。浑优盖劣，也就可以成为定
论——当然这丝毫不影响我们从各种不同的角度对盖天学说的
历史地位给以较高评价。

　　浑盖优劣问题本来是比较清楚的：浑优盖劣，是两千年历

史实践检验的结果；而今天我们用新的，更高的，或者说超脱于实际应用层面之上的眼光来看问题，当然可以超出"孰优孰劣"的简单模式，而发掘出更多的历史意蕴。但这只能是历史研究的进步和深入，而不是简单的"翻案"。

然而在 1990 年代，围绕着《周髀算经》和盖天学说，一直有一个孤独的、但又是极其执着的"翻案"声音。有一位学者坚决主张盖天说比浑天说优越（文献 22），他为维护、宣传他的这一观点，耗费了十年心血。但是笔者不得不在此指出，由于在这一问题上激情甚于理性，他的结论是无法令人信服的，而《周髀算经》的许多可贵之处，他却又偏偏未能指出。他的观点几乎无人接受，他的"挑战"则始终处在无人应战的状况中。现在这位学者已归道山，他的有关论著也已问世多年，此事已逐渐湮没在历史深处了。

附录 7：明徐光启论《周髀算经》

著者按：徐光启（1562—1633）是晚明热情接受西方近代

天文学的代表人物。在他的主持
规划下，主要依靠当时来华的耶
稣会天文学家，编撰成堪称 16
世纪之前西方天文学百科全书的
巨著《崇祯历书》。徐光启这种
不同于传统中国士大夫的知识结
构，使他对于中国古代天文学的
态度，不像守旧人士那样一味顶

徐光启 明代科学家（公元一五六二—一六三三）

8分 中国人民邮政

J.58.(4-1)

1980 年徐光启纪念邮票

礼推崇，而是有时还会出现尖锐的批评。他对《周髀算经》的
评论，此处所节选的《勾股义序》一文堪称代表。文中的个别
言辞不能说没有一点过激之处，如说荣方问陈子以下所言之日
月天地之数皆为"千古之大愚"等。但其说与众不同，发前人
所未发，很有参考价值。

　　徐光启曰：《周髀》勾股者，世传黄帝所作，而经言庖牺，
疑莫能明也。然二帝皆用造历，而禹复藉之以平水土，盖度数
之用，无所不通者也。后世治历之家，代不绝人，亦且增修递
进，至元郭守敬若思十得其六七矣，亡不资算术为用者……
自余从西泰子译得《测量法义》，不揣复作勾股诸义，即此

法，底里洞然。于以通变施用，如伐材于林，挹水于泽，若思而在，当为之抚掌一快已。方今历象之学，或岁月可缓，纷纶众务，或非世道所急；至如西北治河，东南治水利，皆目前救时至计，然而欲寻禹绩，恐此法终不可废也。有绍明郭氏之业者，必能佐平成之功，周公岂欺我哉！

勾股遗言独见于《九章》中，凡数十法，不出余所撰正法十五条。元李冶广之，作《测圆海镜》，近顾司寇应祥为之分类释术，余欲为说其义，未遑也。其造端第一论，则此篇之七亦略具矣。《周髀》首章，九章勾股之鼻祖，甄鸾李淳风辈为之重释，颇明悉，实为算术中古文第一。余故为采撷要语，弁诸篇端，以俟用世之君子不废刍荛者。其图注见他本为节解。至于商高问答之后，所谓荣方问于陈子者，言日月天地之数，则千古大愚也。李淳风驳正之，殊为未辨。若《周髀》果尽此，其学废弗传不足怪；而亦有近理者数十语，绝胜浑天家，余尝为雌黄之，别有论。

——录自《徐光启集》卷二，
上海古籍出版社（1984），页83—84。

《周髀算经》原文 *

赵 君 卿 序

夫高而大者莫大于天，厚而广者莫广于地。体恢洪而廓落，形修广而幽清。可以玄象课其进退，然而宏远不可指掌也；可以晷仪验其长短，然其巨阔不可度量也。虽穷神知化不能极其妙，探赜索隐不能尽其微。是以诡异之说出，则两端之理生，遂有浑天、盖天兼而并之，故能弥纶天地之道，有以见天地之赜。则浑天有《灵宪》之文，盖天有《周髀》之法。累代存之，官司是掌。所以钦若昊天，恭授民时。爽以暗蔽，才学浅昧。邻高山之仰止，慕景行之轨辙。负薪余日，聊观《周髀》，其旨约而远，其言曲而中。将恐废替，湮滞不通，使谈天者无所取则。辄依经为图，诚冀颓毁重仞之墙，披露堂室之

---

* 为便于对《周髀算经》全书内容的理解，笔者将原文分为 17 节，每节开始在括号中标明序数。白话译文亦与之对应。

奥，庶博物君子，时迥思焉。

卷　　上

（1）昔者周公问于商高曰：窃闻乎大夫善数也，请问古者包牺立周天历度，夫天不可阶而升，地不可得尺寸而度，请问数安从出？

商高曰：数之法出于圆方。圆出于方，方出于矩，矩出于九九八十一。故折矩以为勾广三，股修四，径隅五。既方其外，半之一矩。环而共盘，得成三四五。两矩共长二十有五，是谓积矩。故禹之所以治天下者，此数之所生也。

勾股圆方图

周公曰：大哉言数！请问用矩之道？

商高曰：平矩以正绳，偃矩以望高，覆矩以测深，卧矩以知远，环矩以为圆，合矩以为方。方属地，圆属天，天圆地方。方数为典，以方出圆。笠以写天，天青黑，地黄赤。天数之为笠也，青黑为表，丹黄为里，以象天地之位。是故知地者智，知天者圣。

《周髀算经》勾股圆方图

明崇祯时期汲古阁刊本。此图多认为是赵爽所绘。今人重新绘制之图参见后文的"白话译文"部分。

勾股圓方圖 弦實二十五朱及黃

弦圖

朱實六黃實一

此朱實青

朱實

弦實

勾三

左圖

股實十六黃

勾實之矩九青

此層

色黃實

股實

此層

右圖

股實之矩十六黃

勾實九青

此層

色黃實

勾實

此實

黃實

亦名矩股之角

股實之矩

智出于勾，勾出于矩。夫矩之于数，其裁制万物，唯所为耳。

周公曰：善哉！

（2）昔者荣方问于陈子曰：今者窃闻夫子之道，知日之高大，光之所照，一日所行，远近之数，人所望见，四极之穷，列星之宿，天地之广袤，夫子之道皆能知之，其信有之乎？

陈子曰：然。

荣方曰：方虽不省，愿夫子幸而说之。今若方者，可教此道邪？

陈子曰：然。此皆算术之所及。子之于算，足以知此矣。若诚累思之。

于是荣方归而思之，数日不能得。复见陈子曰：方思之不能得，敢请问之。

陈子曰：思之未熟。此亦望远起高之术，而子不能得，则子之于数，未能通类，是智有所不及，而神有所穷。夫道术，言约而用博者，智类之明。问一类而以万事达者，谓之知道。今子所学，算数之术，是用智矣，而尚有所难，是子之智类单。夫道术所以难通者，既学矣，患其不博；既博矣，患其不习；既习矣，患其不能知。故同术相学，同事相观，此列士之愚智，贤不肖之所分。是故能类以合类，此贤者业精习知之质也。夫学同业而不能入神者，此不肖无智而业不能精习，是故算不能精习。吾岂以道隐子哉？固复熟思之！

荣方复归，思之，数日不能得。复见陈子曰：方思之以精熟矣，智有所不及，而神有所穷，知不能得，愿终请说。陈子曰：复坐，吾语汝。于是荣方复坐而请。陈子说之曰：

（3）夏至南万六千里，冬至南十三万五千里，日中立竿无影。此一者天道之数。周髀长八尺，夏至之日晷一尺六寸。髀者，股也。正晷者，勾也。正南千里，勾一尺五寸；正北千里，勾一尺七寸。日益南，晷益长。

候勾六尺，即取竹，空径一寸，长八尺，捕影而视之，空正掩日，而日应空。由此观之，率八十寸而得径一寸。

从髀至日下六万里而髀无影。从此以上至日，则八万里。若求邪至日者，以日下为勾，日高为股。勾、股各自乘，并而开方除之，得邪至日，从髀所旁至日所十万里。以率率之，八十里得径一里，十万里得径千二百五十里。故曰，日径千二百五十里。

日高图

（4）法曰：周髀长八尺，勾之损益寸千里。故曰极者，天广袤也，今立表高八尺，以望极，其勾一丈三寸，由此观之，则从周北十万三千里而至极下。

荣方曰：周髀者何？

陈子曰：古时天子治周，此数望之从周，故曰周髀。髀者，表也。

日夏至南万六千里，日冬至南十三万五千里，日中无影。以此观之，从极南至夏至之日中十一万九千里。北至其夜半，亦然。凡径二十三万八千里，此夏至日道之径也，其周七十一万四千里。从夏至之日中，至冬至之日中，十一万九千里，北至极下，亦然。则从极南至冬至之日中二十三万八千里，从极北至其夜半，亦然。凡径四十七万六千里，此冬至日道径也，其周百四十二万八千里。从春秋分之日中北至极下十七万八千五百里，从极下北至其夜半亦然，凡径三十五万七千里，周一百七万一千里。故曰，月之道常缘宿，日道亦与宿正。南至夏至之日中，北至冬至之夜半；南至冬至之日中，北至夏至之夜半，亦径三十五万七千里，周一百七万一千里。

春分之日夜分以至秋分之日夜分，极下常有日光；秋分之日夜分以至春分之日夜分，极下常无日光。故春秋分之日夜分之时，日光所照适至极，阴阳之分等也。冬至、夏至者，日道发敛之所至，昼夜长短之所极。春秋分者，阴阳之修，昼夜之象。昼者阳，夜者阴。春分以至秋分，昼之象，秋分以至春分，夜之象。故春秋分之日中光之所照北至极下，夜半日光之所照亦南至极，此日夜分之时也。故曰，日照四旁各十六万七千里。

人所望见，远近宜如日光所照。从周所望见北过极六万四千里，南过冬至之日中三万二千里。夏至之日中，光南过冬至之日中四万八千里，南过人所望见万六千里，北过周十五万一千里，北过极四万八千里。冬至之夜半日光南不至人目所见七千里，不至极下七万一千里。夏至之日中与夜半日光九万六千里过极相接，冬至之日中与夜半日光不相及十四万二千里，不至极下七万一千里。夏至之日正东西望，直

戊 戊 戊 戊
戊 戊 戊 戊

若以一等永定恐皆乖理之實

日高圖

凡甲乙之方黃色戊之方青色

《周髀算经》日高图

明崇祯时期汲古阁刊本。今人绘制的原理说明图参见后文的"白话译文"部分。

周东西日下至周五万九千五百九十八里半。冬至之日正东西方不见日,以算求之,日下至周二十一万四千五百五十七里半。凡此数者,日道之发敛。冬至、夏至,观律之数,听钟之音。冬至昼,夏至夜,差数所及,日光所逮观之,四极径八十一万里,周二百四十三万里。

从周南至日照处三十万二千里,周北至日照处五十万八千里,东西各三十九万一千六百八十三里半。周在天中南十万三千里,故东西短中径二万六千六百三十二里有奇。周北五十万八千里。冬至日十三万五千里。冬至日道径四十七万六千里,周百四十二万八千里。日光四极当周东西各三十九万一千六百八十三里有奇。

(5)此方圆之法。

万物周事而圆方用焉,大匠造制而规矩设焉。或毁方而为圆,或破圆而为方。方中为圆者谓之圆方,圆中为方者谓之方圆也。

(6)**七衡图**

凡为此图,以丈为尺,以尺为寸,以寸为分,分一千里。

《周髀算经》七衡图

明崇祯时期汲古阁刊本

凡用缯方八尺一寸。今用缯方四尺五分，分为二千里。

吕氏曰：凡四海之内，东西二万八千里，南北二万六千里。

凡为日月运行之圆周，七衡周而六间，以当六月节。六月为百八十二日、八分日之五。故日夏至在东井极内衡，日冬至在牵牛极外衡也。衡复更终冬至。故曰，一岁三百六十五日、四分日之一，岁一内极，一外极。三十日、十六分日之七，月一外极，一内极。是故一衡之间万九千八百三十三里、三分里之一，即为百步。欲知次衡径，倍而增内衡之径。二之以增内衡径，得三衡径。次衡放此。

内一衡径二十三万八千里，周七十一万四千里。分为三百六十五度、四分度之一，度得一千九百五十四里二百四十七步、千四百六十一分步之九百三十三。

次二衡径二十七万七千六百六十六里二百步，周八十三万三千里。分里为度，度得二千二百八十里百八十八步、千四百六十一分步之千三百三十二。

次三衡径三十一万七千三百三十三里一百步，周九十五万二千里。分为度，度得二千六百六里百三十步、千四百六十一分步之二百七十。

次四衡径三十五万七千里，周一百七万一千里。分为度，度得二千九百三十二里七十一步、千四百六十一分步之六百六十九。

次五衡径三十九万六千六百六十六里二百步，周一百一十九万里。分为度，度得三千二百五十八里十二步、千四百六十一分步之千六十八。

次六衡径四十三万六千三百三十三里一百步，周一百三十万九千里。分为度，度得三千五百八十三里二百五十四步、千四百六十一分步之六。

次七衡径四十七万六千里，周百四十二万八千里。分为度，度得三千九百九里一百九十五步、千四百六十一分步之四百五。

其次，日冬至所照，过北衡十六万七千里，为径八十一万里，周二百四十三万里。分为三百六十五度四分度之一，度得六千六百五十二里二百九十三步、千四百六十一分步之三百二十七。

过此而往者，未之或知。或知者，或疑其可知，或疑其难知。此言上圣不学而知之。

故冬至日晷丈三尺五寸，夏至日晷尺六寸。冬至日晷长，夏至日晷短，日晷损益，寸差千里。故冬至、夏至之日南北游十一万九千里，四极径八十一万里，周二百四十三万里。分为度，度得六千六百五十二里二百九十三步、千四百六十一分步之三百二十七，此度之相去也。其南北游，日六百五十一里一百八十二步、一千四百六十一分步之七百九十八。

术曰：置十一万九千里为实，以半岁一百八十二日八分日之五为法，而通之，得九十五万二千为实，所得一千四百六十一为法，除之。实如法得一里。不满法者，三之，如法得百步。不满法者，十之，如法得十步。不满法者，十之，如法得一步。不满法者，以法命之。

卷　　下

（7）凡日月运行四极之道。极下者，其地高人所居六万里，滂沱四陨而下，天之中央亦高四旁六万里。故日光外所照径八十一万里，周二百四十三万里。故日运行处极北，北方日中，南方夜半；日在极东，东方日中，西方夜半；日在极南，南方日中，北方夜半；日在极西，西方日中，东方夜半。凡此四方者，天地四极四和，昼夜易处，加时相反，然其阴阳所终，冬夏所极，皆若一也。

天象盖笠，地法覆盘。天离地八万里。冬至之日虽在外衡，常出极下地上二万里。故日兆月，月光乃出，故成明月，星辰乃得行列。是故秋分以往到冬至，三光之精微，以其道远，此天地阴阳之性自然也。

（8）欲知北极枢、璇玑四极，常以夏至夜半时北极南游所极，冬至夜半时北游所极，冬至日加西之时西游所极，日加卯之时东游所极，此北极璇玑四游。正北极枢璇玑之中，正北天之中。正极之所游：冬至日加西之时，立八尺表，以绳系表颠，希望北极中大星，引绳致地而识之；又到旦，明日加卯之时，复引绳希望之，首及绳致地而识其两端，相去二尺三寸，故东西极二万三千里。其两端相去正东西，中折之以指表，正南北。加此时者，皆以漏揆度之。此东西南北之时，其绳致地所识，去表丈三寸，故天之中去周十万三千里。何以知其南北极之时也？以冬至夜半北游所极，北过天中万一千五百里；以夏至南游所极，不及天中万一千五百里。此皆以绳系表颠而希望之，北极至地所识丈一尺四寸半，故去周十一万四千五百里，过天中万一千五百里；其南极至地所识九尺一寸半，故去周九万一千五百里，不及天中万一千五百里。此璇玑四极南北过不及之法。东西南北之正勾。

（9）璇玑径二万三千里，周六万九千里。此阳绝阴彰，故不生万物。其术曰：立正勾定之，以日始出，立表而识其晷；日入，复识其晷。晷之两端相直者，正东西也；中折之指表者，正南北也。极下不生万物，何以知之？冬至之日去夏至十一万九千里，万物尽死；夏至之日去北极十一万九千里，是以知极下不生万物。北极左右，夏有不释之冰。

春分、秋分，日在中衡。春分以往日益北，五万九千五百里而夏至；秋分以往日益南，五万九千五百里而冬至。中衡去周七万五千五百里。中衡左右冬有不死之草，夏长之类。此阳彰阴微，故万物不死，五谷一岁再熟。凡北极之左右，物有朝生暮获，冬生之类。

（10）立二十八宿，以周天历度之法。

术曰：倍正南方，以正勾定之。即平地径二十一步，周六十三步，令其平矩以水正，则位径一百二十一尺七寸五分，因而三之，为三百六十五尺、四分尺之一，以应周天三百六十五度、四分度之一。审定分之，无令有纤微。分度以定则正督经纬，而四分之一合各九十一度、十六分度之五。于是圆定而正。则立表正南北之中央，以绳系颠，希望牵牛中央星之中；则复候须女之星先至者，如复以表绳希望须女先至，定中；即以一游仪希望牵牛中央星，出中正表西几何度，各如游仪所至之尺，为度数。游在于八尺之上，故知牵牛八度。其次星放此，以尽二十八宿度，则定矣。

立周度者，各以其所先至游仪度上。车辐引绳，就中央之正以为毂，则正矣。

（11）日所出入，亦以周定之。

欲知日之出入，即以三百六十五度、四分度之一而各置二十八宿。以东井夜半中，牵牛之初临子之中。东井出中正表西三十度、十六分度之七，而临未之中，牵牛初亦当临丑之中，于是天与地协。

乃以置周二十八宿。置以定，乃复置周度之中央立正表。以冬至、夏至之日，以望日始出也，立一游仪于度上，以望中央表之晷。晷参正，则日所出之宿度。日入放此。

（12）牵牛去北极百一十五度千六百九十五里二十一步、千四百六十一分步之八百一十九。

术曰：置外衡去北极枢二十三万八千里，除璇玑万一千五百里，其不除者二十二万六千五百里以为实，以内衡一度数千九百五十四里二百四十七步、千四百六十一分步之九百三十三以为法，实如法得一度。不满法，求里、步。约之合三百得一以为实。以千四百六十一分为法，得一里。不满法者三之，如法得百步。不满法者上十之，如法得十步。不满法者又上十之，如法得一步。不满法者，以法命之。次放此。

娄与角去北极九十一度六百一十里二百六十四步、千四百六十一分步之千二百九十六。

术曰：置中衡去北极枢十七万八千五百里以为实，以内衡一度数为法，实如法得一度，不满法者，求里、步。不满法者，以法命之。

东井去北极六十六度千四百八十一里一百五十五步、千四百六十一分步之千二百四十五。

术曰：置内衡去北极枢十一万九千里，加璇玑万一千五百里，得十三万五百里，以为实，以内衡一度数为法，实如法得一度，不满法者求里、步。不满法者，以法命之。

（13）凡八节二十四气，气损益九寸九分、六分分之一；冬至晷长一丈三尺五寸，夏至晷长一尺六寸。问次节损益寸数长短各几何？

冬至晷长丈三尺五寸。

小寒丈二尺五寸，小分五。

大寒丈一尺五寸一分，小分四。

立春丈五寸二分，小分三。

雨水九尺五寸三分，小分二。

惊蛰八尺五寸四分，小分一。

春分七尺五寸五分。

清明六尺五寸五分，小分五。

谷雨五尺五寸六分，小分四。

立夏四尺五寸七分，小分三。

小满三尺五寸八分，小分二。

芒种二尺五寸九分，小分一。

夏至一尺六寸。

小暑二尺五寸九分，小分一。

大暑三尺五寸八分，小分二。

立秋四尺五寸七分，小分三。

处暑五尺五寸六分，小分四。

白露六尺五寸五分，小分五。

秋分七尺五寸五分。

寒露八尺五寸四分，小分一。

霜降九尺五寸三分，小分二。

立冬丈五寸二分，小分三。

小雪丈一尺五寸一分，小分四。

大雪丈二尺五寸，小分五。

凡为八节二十四气，气损益九寸九分、六分分之一。冬至、夏至为损益之始。

术曰：置冬至晷，以夏至晷减之，余为实。以十二为法。实如法得一寸。不满法者十之，以法除之，得一分。不满法者，以法命之。

（14）月后天十三度、十九分度之七。

术曰：置章月二百三十五，以章岁十九除之，加日行一度，得十三度、十九分度之七，此月一日行之数，即后天之度及分。

小岁月不及故舍三百五十四度、万七千八百六十分度之六千六百一十二。

术曰：置小岁三百五十四日、九百四十分日之三百四十八，以月后天十三度、十九分度之七乘之，为实。又以度分母乘日分母为法。实如法，得积后天四千七百三十七度、万七千八百六十分度之六千六百一十二。以周天三百六十五度、万七千八百六十分度之四千四百六十五除之。其不足除者，三百五十四度、万七千八百六十分度之六千六百一十二。此月不及故舍之分度数。佗皆放此。

大岁月不及故舍十八度、万七千八百六十分度之万一千六百二十八。

术曰：置大岁三百八十三日、九百四十分日之八百四十七，以月后天十三度、十九分度之七乘之，为实，又以度分母乘日分母为法。实如法得积后天五千一百三十二度、万七千八百六十分度之二千六百九十八。以周天除之。其不足除者，此月不及故舍之分度数。

经岁月不及故舍百三十四度、万七千八百六十分度之万一百五。

术曰：置经岁三百六十五日、九百四十分日之二百三十五，以月后天十三度十九分度之七乘之，为实。又以度分母乘日分母为法。实如法得积后天四千八百八十二度、万七千八百六十分度之万四千五百七十。以周天除之。其不足除者，此月不及故舍之分度数。

小月不及故舍二十二度、万七千八百六十分度之七千七百五十五。

术曰：置小月二十九日，以月后天十三度、十九分度之七乘之，为实。又以度分母乘日分母为法。实如法得积后天三百八十七度、万七千八百六十分度之万二千二百二十。以周天分除之。其不足除者，此月不及故舍之分度数。

大月不及故舍三十五度、万七千八百六十分度之万四千三百三十五。

术曰：置大月三十日，以月后天十三度、十九分度之七乘之为实。又以度分母乘日分母为法。实如法得积后天四百一度、万七千八百六十分度之九百四十。以周天除之。其不足除者，此月不及故舍之分度数。

经月不及故舍二十九度、万七千八百六十分度之九千四百八十一。

术曰：置经月二十九日、九百四十分日之四百九十九，以月后天十三度、十九分度之七乘之，为实。又以度分母乘日分母为法。实如法得积后天三百九十四度、万七千八百六十分度之万三千九百四十六。以周天除之。其不足除者，此月不及故舍之分度数。

（15）冬至昼极短，日出辰而入申。阳照三，不覆九。东西相当正南方。夏至昼极长，日出寅而入戌。阳照九，不覆三，东西相当正北方。

日出左而入右，南北行。故冬至从坎，阳在子，日出巽而入神，见日光少，故曰寒。夏至从离，阴在午，日出艮而入乾，见日光多，故曰暑。

日月失度而寒暑相奸。往者诎，来者信也，故诎信相感。故冬至之后日右行，夏至之后日左行。左者往，右者来。故月与日合为一月，日复日为一日，日复星为一岁。外衡冬至，内衡夏至，六气复返，皆谓中气。

（16）阴阳之数，日月之法。十九岁为一章。四章为一蔀，七十六岁。二十蔀为一遂，遂千五百二十岁。三遂为一首，首四千五百六十岁。七首为一极，极三万一千九百二十岁。生数皆终，万物复始，天以更元，作纪历。

（17）何以知天三百六十五度、四分度之一？而日行一度，而月后天十三度、十九分度之七，二十九日、九百四十分日之四百九十九为一月，十二月、十九分月之七为一岁？

古者包牺、神农制作为历，度元之始，见三光未知其则。日、月、列星，未有分度。日主昼、月主夜，昼夜为一日；

日、月俱起建星。月度疾，日度迟，日、月相逐于二十九日、三十日间，而日行天二十九度余，未有定分。于是三百六十五日南极影长，明日反短。以岁终日影长，故知三百六十五日者三，三百六十六日者一。故知一岁三百六十五日、四分日之一，岁终也。月积后天十三周，又与百三十四度余，无虑后天十三度、十九分度之七，未有定。于是日行天七十六周，月行天千一十六周，又合于建星，置月行后天之数，以日后天之数除之，得十三度、十九分度之七，则月一日行天之度。复置七十六岁之积月，以七十六岁除之，得十二月、十九分月之七，则一岁之月。置周天度数，以十二月、十九分月之七除之，得二十九日、九百四十分日之四百九十九，则一月日之数。

（全文完）

《周髀算经》白话译文（江晓原译）

赵 君 卿 序

  高而大者无过于天，厚而广者无过于地。天地之体恢宏而空旷，天地之形广远而幽清。可以借天象推算其运行，然而其广远无法了如指掌；可以用日晷浑仪测验其长短，然而其巨大尺度无法度量。即使出神入化、探微索隐，也不可能完全穷其奥秘。因此奇谈怪论出现，对立学说产生，于是有浑天、盖天两家学说并存。故要说能包容天地之道，显现天地之隐，则浑天说有《灵宪》之文，盖天说有《周髀》之法。历代相传，由官府执掌，用以敬祀上天，安排人间事务。赵爽禀赋愚钝，才疏学浅，仰慕前贤高行盛德，于谋生糊口之暇，权且研读《周髀》。发现其旨意简约而深远，论述婉曲而准确。深恐此书将来废弃湮灭，或者后人不能畅晓其精义，使讲求天学者无从效法。于是依据原文增绘图形，加以注释。希望能推倒高墙，披露堂奥，揭示书中精蕴，以期博学君子能对此常加深思。

<h2 style="text-align:center">卷　　上</h2>

（1）昔日周公问商高说：闻道大夫你善于数学，请问古时伏羲氏确立周天历度，然而天没有阶梯可升，地没有尺寸可量，不知数据从何而来？

商高说：数之法出于圆方。圆出于方，方出于矩，矩出于二数相乘。在一个矩上，（直角的一边称为勾）勾之长为3，（另一边称为股）股之长为4，则其斜边之长即为5。矩也就是以勾、股之长为边的长方形的一半。矩的周长分别为3、4、5。勾与股长度的平方之和（即 3^2+4^2）为25，称为积矩。昔日大禹应用了勾股之术，由治水而治天下。

周公说道：你对勾股之数的论述真是博大精深！请问何为用矩之道？

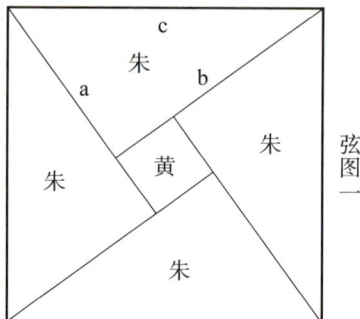

弦图一

商高回答说：平矩可以确定水平与垂直，偃矩可以测量高度，覆矩可以测深，卧矩可以测远，环矩可画圆，合矩则成方。地禀方的属性，天具圆的属性，故有天圆地方之说。方之数为根本，由方可以出圆。若以斗笠比拟宇宙的形状，则天色青黑，地色赤黄。在此笠形宇宙中，青黑的天在上为表，赤黄的地在下为里，这就是天地之位。所以说，知地者为智，知天者为圣。智出于勾，勾出于矩。勾股之数用来描述世间万物的形态和关系，可以说是无所不能啊。

周公赞叹道：善哉！

（2）昔日荣方问陈子说：我闻道夫子你的道术，能知太阳的远近大小，还有日光普照所及的范围，太阳一日所行的远近度数，人目所能望见的宇宙极限，以及天上的星宿，天地的广袤，……你的道术都能知晓，真是如此吗？

陈子说：是的。

荣方说：荣方虽然愚钝，却也希望有幸能了解这些道术——你看像我这样的人还能授以这些道术吗？

陈子说：可以的。这只需要基本的数学知识，我看你的数学基础足以了解这些道术了。你先自己去反复思索，或许就可领悟。

于是荣方回去思索，好几日未得要领。又去见陈子，说道：荣方思索未能领悟，敢请夫子开导讲授。

陈子说道：你看来还未能深思熟虑。其实基础也就是望远测高之术，而你不能领悟，看来你对数学还不能触类旁通，或许是智有所不及，而神有所穷。你所问的那些道术，原则简约而用途广泛，特别要求触类旁通的智慧。了解一类而能通晓万事，就是参悟了道术。你所学过的数学基础，本来就需要智慧，而你对参悟那些道术尚有困难，说明你的智慧还太单纯有限。须知道术之所以难通，就在于学了却不能广博，广博却不能熟练，熟练了却不能参悟精义。所以能否在相似的术中悟出共同原则，在同类的事中推得普遍规律，这是区别士人智或愚、贤或不肖的分水岭。所以能够类推演绎，是贤者习业臻于博大精深境界所必须具备的素质。同样习业，贤者能达到理想境界，不肖者就不能如此。我岂会向你隐瞒道术呢？你且回去再反复思索！

荣方又回去思索了好几日，仍是不能领悟。于是再次去见陈子，说道：荣方确实已经尽力深思了，实在是智有所不及，而神有所穷，看来是无法自行参悟的了，还是请夫子开导讲授吧！

陈子说：请坐，我告诉你。

于是荣方坐下再次请教，陈子乃开始讲授他的道术。

（3）从我们周地出发，夏至之日在向南 16 000 里处，冬至之日在向南 135 000 里处，日中时因太阳适在天顶而立表无影。这种测影表称为周髀，高 8 尺。夏至之日的正午，在周地的表影长 1 尺 6 寸。周髀相当于股，其投影相当于勾。夏至之日如将周髀移至周地之南 1 000 里处，则影长变为 1 尺 5 寸；若移至周地之北 1 000 里处，则影长为 1 尺 7 寸。太阳越往南，则它在同一地投下的表影就越长。

等候一年中正午表影长 6 尺的日子，取长 8 尺、中间孔洞直径为 1 寸的竹管，从管中观察太阳，则日轮恰好填满管孔。由此可知太阳至观测者的距离与太阳直径之比等于竹管长度与竹管孔径之比，这个比率为 80 寸比 1 寸。

此日从周地向南 60 000 里则正在日下，日中立竿无影。太阳距日下处大地的垂直距离则为 80 000 里。如欲求从周地至太阳的斜线距离，则以周地至日下的距离为勾，以太阳距地的垂直距离为股，将勾、股的平方之和再开平方，就得到斜线距离，即从周地至太阳的斜线距离为 100 000 里。根据前面所说 80 比 1 的比率，对应于 100 000 里距离的直径为 1 250 里。所以说，太阳的直径为 1 250 里。

（4）一个基本法则是：周髀长 8 尺，在南北方向每移动 1 000 里，则它投下的影长就增减 1 寸。北极，是天地广袤的表征，如果立 8 尺高的竿，以此来望北极，则其勾（不妨

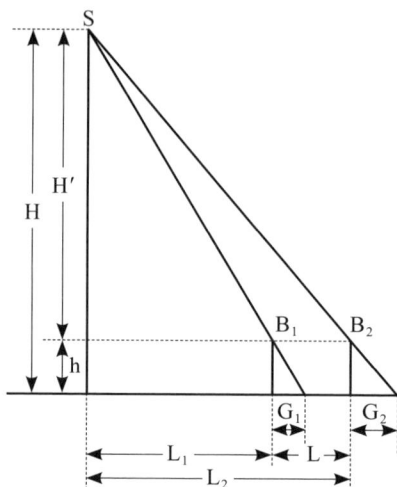

G₁、G₂：表 1 与表 2 晷影之长　　h：表高
H：日高（天高）　　　　　　　　S：日所在
B₁、B₂：表 1 与表 2　　　　　　L：两表间距离

双表同测日高日远图

日高图原为赵爽作注时补绘，钱宝琮谓传世各本皆误，又据赵注重绘。今重新绘制为上图。由上图可知，在天地为平行平面的基本假设之下，在同一时刻于相距为 L 的两地用同高之表测得日影之长，确实可以推算出日高及日远之值。

假想为北极投下的竿影）长 1 丈 3 寸，这样看来，从周地向北103 000 里就到极下了。

荣方问道：周髀到底是什么？

陈子说：古时天子朝廷在周地，从此地用这种仪器进行观测，所以称为周髀。髀就是表（测影之竿）的意思。

夏至日从周地往南 16 000 里，冬至日往南 135 000 里，日中无影。由此看来，从极下向南到夏至日中日所在地为

119 000 里。从极下向北到夏至日夜半日所在地也是同样距离。
这个大圆周的直径为 238 000 里，这就是夏至日道的直径，此
日道的周长则为 714 000 里。从夏至日中日所在向南至冬至日
中日所在，距离远近为 119 000 里，从此处向北至极下也是同
样距离。那么从极下向南到冬至日中日所在为 238 000 里，从
极下向北到冬至夜半日所在也是同样距离。这一大圆周的直
径为 476 000 里，这是冬至日道的直径，此日道的周长则为
1 428 000 里。从春秋分日中日所在北至极下为 178 500 里，从
极下北至春秋分夜半日所在也是同样距离，春秋分日道直径为
357 000 里，周长为 1 071 000 里。所以说，月球运动的轨道总
是沿着二十八宿，太阳周年运动的轨道也以二十八宿为准。由
夏至日中日所在至北面冬至夜半日所在，以及由冬至日中日所
在至北面夏至夜半日所在，都可划出直径为 357 000 里、周长
为 1 071 000 里的圆。

　　春分日昼夜之交至秋分日昼夜之交，极下常有日光；秋分
日昼夜之交至春分日昼夜之交，极下常不见日光。所以春秋分
日昼夜交替之时，日光所照恰至极下，这是阴阳区分之时。冬
至和夏至，是太阳运行轨道扩张和收敛的两极，也是昼夜长

短变化的两极。春分和秋分，阴阳之长短相等，也可比于昼夜之象——昼为阳，夜为阴；从春分至秋分，阳气为主而呈现昼之象；从秋分至春分，阴气当道而呈现夜之象。所以春秋分日日中时太阳光照所及能北至极下，春秋分日夜半时太阳光照所及也能南至极下，这是昼夜区分之时。所以说，日光照耀之所及，向四面八方各达 167 000 里。

人的目光远望所及，其远近应该与太阳光照所及相同。这样，从周地北望，能越过极下 64 000 里，南望，越过冬至日中日所在 32 000 里。夏至日的日中，日光南过冬至日中日所在 48 000 里，南过人目所能望见的极限 16 000 里，北过周地 151 000 里，北过极下 48 000 里。冬至日的夜半，日光所照极限向南不及人目所望极限 7 000 里，不及极下 71 000 里。夏至日的日中与夜半，日光所照能越过极下而相重合达到 96 000 里；冬至日的日中与夜半，日光所照南北相互不能衔接，中间距离达 142 000 里，各自距离极下 71 000 里。

夏至之日从周地向正东、西方向望去，日落之处距周地 59 598.5 里。冬至之日则从周地向正东、西方望不见太阳，这可以通过计算求知，此时日落之处距周地 214 557.5 里。这些数据的变化，都是一年中太阳运行轨道的扩张收敛所致。冬至和夏至，要观察律数的生成，听取钟音的变化。根据冬至和夏至昼夜太阳轨道变化的极限，再加上太阳光照的极限，则宇宙的直径为 810 000 里，周长为 2 430 000 里。

从周地向南至日照极限处为 302 000 里，向北至日照极限处 508 000 里，向东、西至日照极限处各 391 683.5 里。周地在宇宙中心偏南一侧 103 000 里处，所以从周地向东、西方向看，所见要比宇宙的直径短 26 632 里有余。

（5）这是方圆之法。对万物作普遍描述要用圆方，大匠创立制度而设规矩。或毁方而作圆，或破圆而成方。方中作圆谓之圆方，圆中作方称为方圆。

（6）凡绘制七衡图，以丈为尺，以尺为寸，以寸为分，每分代表 1 000 里。用一幅 8 尺 1 寸见方的帛。现在用 4 尺 5 分见方的帛，则每分代表 2 000 里。

吕氏说：四海之内，东西方向长 28 000 里，南北方向长 26 000 里。

绘制代表日、月运行轨道的圆周，7 层同心圆而中间有 6

道空间，以此代表 6 个月的节气。6 个月共 182$\frac{5}{8}$日。故夏至之日太阳位于东井之宿，处在七衡图的最内圈；冬至之日太阳位于牵牛之宿，处在七衡图的最外圈。一年中往复一次。所以说，一年 365$\frac{1}{4}$日中，太阳到达最内和最外圈各一次。而 30$\frac{7}{16}$日中，月亮到达最内和最外圈各一次。由于衡与衡之间的间隔为 19 833$\frac{1}{3}$里（1 里为 300 步）。所以已知内衡的直径而欲知其外侧相邻之衡的直径，只需将上面数值的一倍加到内衡直径上即得；将相邻两衡直径之差乘以 2，再加到内衡直径上，又可得第三衡的直径。以下各衡可依此类推。

内衡直径为

238 000 里，

周长为

714 000 里，

划分为 365$\frac{1}{4}$度，每度得

1 954 里又 247$\frac{933}{1\,461}$步。

第二衡直径为

277 666 里又 200 步，

周长为

833 000 里，

划分为 365 $\frac{1}{4}$，每度得

2 280 里又 188 $\frac{1\ 332}{1\ 461}$ 步。

第三衡直径为

317 333 里又 100 步，

周长为

952 000 里，

划分为 365 $\frac{1}{4}$ 度，每度得

2 606 里又 130 $\frac{270}{1\ 461}$ 步。

第四衡直径为

357 000 里，

周长为

1 071 000 里，

划分为 365 $\frac{1}{4}$ 度，每度得

2 932 里又 71 $\frac{669}{1\ 461}$ 步。

第五衡直径为

396 666 里又 200 步，

周长为

1 190 000 里，

划分为 365 $\frac{1}{4}$ 度，每度得

3 258 里又 12 $\frac{1\,068}{1\,461}$ 步。

第六衡直径为

436 333 里又 100 步，

周长为

1 309 000 里，

划分为 365 $\frac{1}{4}$ 度，每度得

3 583 里又 254 $\frac{6}{1\,461}$ 步。

外衡直径为

476 000 里，

周长为

1 428 000 里，

划分为 365 $\frac{1}{4}$ 度，每度得

3 909 里又 195 $\frac{405}{1\,461}$ 步。

其次，冬至日太阳轨道再加上太阳光照极限 167 000 里，
得出宇宙直径为

810 000 里，

周长为

2 430 000 里，

划分为 365 $\frac{1}{4}$ 度，每度得

6 652 里又 293 $\frac{327}{1\,461}$ 步。

过此 810 000 里宇宙之外的情形，从未有人知道。未有人知的意思是，有人猜测这或许是可知的，有人却怀疑此事无法知晓。看来这一问题（如果想解决的话）只能依赖天才人物的神启而不是学问的研究。

所以冬至日中午太阳投下的周髀表影之长为 1 丈 3 尺 5 寸，夏至日中午表影长为 6 尺。冬至日影长，夏至日影短，表影之长每增减 1 寸，地上南北向的实际距离就相差 1 000 里。所以冬至、夏至之间太阳轨道南北游移范围为

119 000 里，

宇宙直径为

810 000 里，

周长为

2 430 000 里，

划分为 365 $\frac{1}{4}$ 度，每度得

6 652 里又 293 $\frac{327}{1\,461}$ 步，

此为每度所对应的长度。而太阳轨道南北游移，每天的距离为

651 里又 $182\frac{798}{1\,461}$ 步，

这一数值的求法是：以南北游移范围

119 000 里，

除以半年的日数

$182\frac{5}{8}$ 日，

得出除式

$$\frac{952\,000}{1\,461}$$

其商的整数部分即为里数，余数部分以 3 乘之，（得出除式 $\frac{2\,667}{1\,461}$）此商的整数部分即为百步数；余数部分以 10 乘之，所得除式之商的整数部分即为十步数；余数部分以 10 乘之，所得除式之商的整数部分即为步数；余数部分即作为分母 1 461 的分子直接表出。

卷　下

（7）日、月运行宇宙四方之道。北极之下，其地高出人类

居息的区域 60 000 里，"滂沲四隤而下"，天的中央（即北极所在处）也较其余区域高出 60 000 里。所以日光照耀所及的最大范围直径为 810 000 里，周长 2 430 000 里。所以太阳运行到北极的北面时，北方为日中，南方为夜半；运行到东面时，东方为日中，西方为夜半；运行到南面时，南方为日中，北方为夜半；运行到西面时，西方为日中，东方为夜半。太阳的上述四方运行及其所造成的天象，称为天地的四极四和。不同的地区在同一时刻有的为昼，有的为夜，相差半昼夜则恰好相反，然而其间的阴阳之数，冬夏之节，变化转换的规律却完全一致。

天的形状像盖笠，地的形状类似倒扣着的盘子。天离地 80 000 里。即使冬至之日太阳运行于外衡，也恒在极下之地的 20 000 里之上。故以太阳为先兆，月光才出现，成为明月，星辰也才能得以排列成行。所以从秋分到冬至，日、月、星辰之精气趋于衰微，这是因为距离变远的缘故，这些都是天地阴阳之性自然如此。

（8）欲知北极枢轴所在，以及极下璇玑四极的范围，可由夏至日夜半时北极南游所极，冬至日夜半时北游所极，冬至日酉时西游所极，同日卯时东游所极，即北极璇玑四游来确定。以此来确定北极璇玑的中心所在，亦即北天正中之所在。测定北极四游的方案是这样：在冬至日酉时，立8尺高的表，将一根绳系于表的顶端，然后拉直绳子并顺绳子向北极望去，使得北极中大星、表顶、人眼三点成一线，沿此线用绳延长达到地面，并在地面上作下标记；待到天明，于次日卯时，再重复上述观测过程并在地面作第二个标记，测量此两处标记之间的距离为2尺3寸，由此可知北极东西游的极限范围为23 000里。地面上的上述两个标记之间的连线为正东西方向，而此连线中点与表的连线为正南北方向。前面所说的酉时、卯时等，都可以用漏刻度量而得。这是北极四游中东西方向的情况。南北方向时，绳至地两标记连线的中点距表1丈3寸，因此可知天中距周地103 000里。何以推知南北游极限？因为冬至夜半时北极北游所极，北过天中11 500里；而夏至日南游所极，在极下南面11 500里——这都可以用表顶端的绳测望而得，北极北游至极限时绳在地上的标记距表1丈1尺4寸半，所以知道此时北极之下距周地114 500里，北过天中11 500里；北极南游至极限时绳在地上的标记距表9尺1寸半，所以知道此时北极之下距周地91 500里，在天中之南11 500里。这就是北极璇玑四游中求南北游极限之法。东、西、南、北四方极限之求得都以勾股之术作为准则。

（9）极下璇玑的直径为 23 000 里，周长 69 000 里。在此范围内阳气断绝而阴气彰盛，所以不生万物。确定方向之法：日出时刻立表而在表影顶端之处的地面作标记；日入时也同样对表影顶端作标记。在这两处标记之间以直线相连，则此直线即为正东西方向；将此直线的中点与表相连，则连线所指为正南北方向。何以知道极下之地不生万物？冬至时太阳所在远距夏至时太阳所在 119 000 里，而冬至时万物尽死；则夏至时太阳所在远距北极也达 119 000 里，由此可知极下即使在夏至时也不生万物（更不用说其余时间了）。北极左右，夏天有不化的冰冻。

春分、秋分时，太阳位于中衡。春分后日益北移，北移 59 500 里而时至夏至；秋分后日益南移，南移 59 500 里而时至冬至。中衡距周地 75 500 里。中衡左右的区域，冬有不死之草，这是夏天生长的类型。这区域内阳气彰盛而阴气微弱，所以万物不死，五谷在一年中可成熟两次。

北极左右地区，（因半年为昼而半年为夜）植物可说是朝生暮获，这是冬天萌生的类型。

（10）用周天历度之法确定二十八宿。

方案是：先用正勾之法确定正北方。然后平整地面，成一块直径 21 步、周长 63 步的圆形，并用水校正其水平度，在此圆形上度量，取直径 121 尺 7 寸 5 分，3 倍之而成为此圆周长，为 $365\frac{1}{4}$ 尺，以对应周天的 $365\frac{1}{4}$ 度。仔细度量划分，不要有纤微误差。分度划定之后，以正东、西、南、北方向的十字线将此圆四等分，则每部分为 $91\frac{5}{16}$ 度。于是成为一个完备而正确的圆〔仪〕。

接下来在圆心立中央表，在表顶端系绳，先拉绳令人目、表顶与牵牛之宿的中央大星三点成一线，以此观察该星的上中天；然后等待相邻的须女之宿的距星上中天并以同上方法观测；在女宿距星上中天的同一时刻，立即拉绳用三点一线法观测牵牛中央大星此时已向西侧偏离地面大圆上的南北向直线有多少距离，然后在圆周上插立一根游仪以标识这一距离。将可以看到游仪已在圆周上向西偏离了 8 尺长的一段弧，所以可知牵牛之宿跨度为 8 度。其余各宿可用同样方法依次进行，直至将二十八宿全部测完，则整个系统便可确定。

要建立周天度数，只需从上述根据各宿距星上中天而确立的诸游仪向中央表引绳，恰如车轮辐条之集凑于轮毂，就可得到正确结果。

（11）太阳的出入，也以周天度数来加以描述和确定。

欲知太阳出入，即可将周天 $365\frac{1}{4}$ 度划分为二十八宿。假如东井之宿于夜半时在（南方的午位）中天，则牵牛之宿将在北方的子位中天。东井之宿的距星在正南北方偏西 $30\frac{7}{16}$ 度，假如此宿对应于十二次中的未，则牵牛之宿就对应于丑，这样就达到了天与地的和谐对应。

在（上文所说的）圆周上划分设置二十八宿，设置完成后，再竖立中央表。在冬至、夏至之日，在太阳升出地平的时刻，在圆周上立一游仪，令此游仪与中央表和太阳所投射之中央表影成一线，则这一游仪即标识了太阳升起时的方位度数。太阳没入地平时的方位也可仿此确定。

（12）牵牛之宿距离北极

115 度又 1 695 里又 $21\frac{819}{1\,461}$ 步。

求得此值的步骤是：

以外衡距北极中心的距离

238 000 里，

减去北极璇玑的半径

11 500 里，

余数

226 500 里

再除以内衡圆周 1 度所对应的弧长

1 954 里又 247 $\frac{933}{1\,461}$ 步，

所除得之商的整数部分即度数，余数部分化为里和步：

以 300 约分而成分子，以 1 461 为分母，其商之整数部分为里数；余数以 3 乘之，再以分母 1 461 除之，所得商之整数部分为百步数；余数以 10 乘之，再以 1 461 除之，所得商之整数部分为十步数；余数以 10 乘之，再以 1 461 除之，所得商之整数部分为步数，余数则作为分母 1 461 的分子表出。以下数值也仿此求得。

娄宿与角宿距离北极

91 度又 610 里又 264 $\frac{1\,296}{1\,461}$ 步。

求取此值的步骤是：

以中衡距北极中心的距离

178 500 里，

除以内衡圆周 1 度的弧长，所除得商之整数部分即为度数，余数化为里、步，最后一次的余数作为分母 1 461 的分子表出。

东井之宿距离北极

66 度又 1 481 里又 $155\frac{1\,245}{1\,461}$ 步。

求取此值的步骤是：

以内衡距北极中心的距离

119 000 里，

加上北极璇玑的半径

11 500 里，

其和

130 500 里

再除以内衡圆周 1 度的弧长，所除得商之整数部分即为度数，余数化为里、步，最后一次的余数作为分母 1 461 的分子表出。

（13）八节二十四气，（八尺之表的晷影之长）每气加减 9 寸 9 $\frac{1}{6}$ 分；冬至日正午晷影之长为

1 丈 3 尺 5 寸，

夏至日正午晷影之长为

1 尺 6 寸，

问以次各节气晷影之长各应加减多少？

冬至晷长 1 丈 3 尺 5 寸。

小寒 1 丈 2 尺 5 寸，小分 5。

大寒 1 丈 1 尺 5 寸 1 分，小分 4。

立春 1 丈 5 寸 2 分，小分 3。

雨水 9 尺 5 寸 3 分，小分 2。

惊蛰 8 尺 5 寸 4 分，小分 1。

春分 7 尺 5 寸 5 分。

清明 6 尺 5 寸 5 分，小分 5。

谷雨 5 尺 5 寸 6 分，小分 4。

立夏 4 尺 5 寸 7 分，小分 3。

小满 3 尺 5 寸 8 分，小分 2。

芒种 2 尺 5 寸 9 分，小分 1。

夏至 1 尺 6 寸。

小暑 2 尺 5 寸 9 分，小分 1。

大暑 3 尺 5 寸 8 分，小分 2。

立秋 4 尺 5 寸 7 分，小分 3。

处暑 5 尺 5 寸 6 分，小分 4。

白露 6 尺 5 寸 5 分，小分 5。

秋分 7 尺 5 寸 5 分。

寒露 8 尺 5 寸 4 分，小分 1。

霜降 9 尺 5 寸 3 分，小分 2。

立冬 1 丈 5 寸 2 分，小分 3。

小雪 1 丈 1 尺 5 寸 1 分，小分 4。

大雪 1 丈 2 尺 5 寸，小分 5。

总共八节二十四气，每气增减 9 寸 $9\frac{1}{6}$ 分。冬至、夏至为增减之始。

计算的方法是：将冬至日正午和夏至日正午的晷影长度之差，以 12 除之，其商的整数部分为寸数。余数以 10 乘之，再除以 12，其商的整数部分为分数，余数作为分子表出。

（14）月球在天球上每天东行

$13\dfrac{7}{19}$ 度。

求取此值的步骤是：

（根据十九年七闰法）将 19 个回归年中的朔望月数 235，以 19 除之，再加上太阳每天在天球上东行的 1 度，就得 $13\dfrac{7}{19}$ 度，这是月球一日运行的度数，也即"月后天"的度数。

（12 个朔望月称为小岁）1 小岁中月球东行

$354\dfrac{6\ 612}{17\ 860}$ 度。

此值的求法是：

以小岁日数

$354\dfrac{348}{940}$ 日，

乘以"月后天"度数

$13\dfrac{7}{19}$ 度，

分母 940 与 19 相乘，通分后得"积后天"度数

$4\ 737\dfrac{6\ 612}{17\ 860}$ 度；

再以周天度数

$365\dfrac{4\ 465}{17\ 860}$ 度

累减之，余数为

$365\dfrac{6\ 612}{17\ 860}$ 度，

这就是小岁中月球东行的度数。以下各值可仿照上述步骤求得。

（13 个朔望月称为大岁）1 大岁中月球东行

$18\dfrac{11\ 628}{17\ 860}$ 度。

此值的求法是：

以大岁日数

$383\dfrac{847}{940}$ 日，

乘以"月后天"度数

$13\dfrac{7}{19}$ 度，

分母 940 与 19 相乘，通分后得"积后天"度数

$5\ 132\dfrac{2\ 698}{17\ 860}$ 度；

再以周天度数累减之，余数即为大岁中月球东行的度数。

1 回归年中月球东行

$134\dfrac{10\ 105}{17\ 860}$ 度。

此值的求法是：

以回归年日数

$365\dfrac{235}{940}$ 日，

乘以"月后天"度数

$13\dfrac{7}{19}$度，

分母940与19相乘，通分后得"积后天"度数

$4\,882\dfrac{14\,570}{17\,860}$度；

再以周天度数累减之，余数即为回归年中月球东行的度数。

（29 日称为小月）1 小月中月球东行

$22\dfrac{7\,755}{17\,860}$度。

此值的求法是：

以"月后天"度数

$13\dfrac{7}{19}$度

乘以小月日数 29 日，通分后得"积后天"度数

$387\dfrac{12\,220}{17\,860}$度；

再以周天度数减之，余数即为小月中月球东行的度数。

（30 日称为大月）1 大月中月球东行

$35\dfrac{14\,335}{17\,860}$度。

此值的求法是：

以"月后天"度数

$13\dfrac{7}{19}$度

乘以大月日数 30 日，通分后得"积后天"度数

$401\dfrac{940}{17\,860}$度；

再以周天度数减之，余数即为大月中月球东行的度数。

1 朔望月中月球东行

$29\dfrac{9\,481}{17\,860}$度。

此值的求法是：

以朔望月日数

$29\dfrac{499}{940}$日，

乘以"月后天"度数

$13\dfrac{7}{19}$度，

分母 940 与 19 相乘，通分后得"积后天"度数

$394\dfrac{13\,946}{17\,860}$度；

再以周天度数减之，余数即为朔望月中月球东行的度数。

（15）冬至之日白昼极短，太阳出于辰位而入于申位。阳光普照所及之位是 3，不能覆盖之位为 9，太阳出入方位的东西连线偏于南方。夏至之日白昼极长，太阳出于寅位而入于戌位。阳光普照所及之位为 9，不能覆盖之位是 3，太阳出入方位的东西连线偏于北方。

（人如面南背北而立）太阳出于左方而入于右方，（冬、夏至之间太阳轨道）在南北方向移动。所以冬至对应于坎位，阳气

在子位，太阳出于巽位而入于坤位，大地上能见到的日光少，所以寒冷。夏至对应于离位，阴气在午位，太阳出于艮位而入于乾位，大地上能见到的日光多，所以暑热。

日月运行如果不合规则，气候寒暑就会混乱。（太阳轨道南移称为往，北移称为来）往者白昼变短故称为诎，来者白昼变长故称为伸，所以诎伸相感。所以冬至之后太阳右行，夏至之后太阳左行。左行就是往，右行即为来。所以太阳月亮合朔成为一月，太阳东升西落一周成为一日，太阳在恒星背景上绕行一周重回原处成为一岁。外衡对应冬至，内衡对应夏至，其间六气往返，皆谓之中气。

（16）阴阳之数，日月之法，以 19 年为 1 章；4 章为 1 蔀，共 76 年；20 蔀为 1 遂，每遂 1 520 年；3 遂为 1 首，每首为 4 560 年；7 首为 1 极，1 极 31 920 年，所有的周期至此都已终了，万物从头开始，天道开始新一轮循环，历法也再次从头起算。

（17）何以知道周天为 $365\frac{1}{4}$ 度？又何以知道太阳每天东行 1 度、而月球每天东行 $13\frac{7}{19}$ 度？又何以知道 $29\frac{499}{940}$ 日为 1

月、而 $12\frac{7}{19}$ 月为 1 年？

古时伏羲、神农创制历法，起算之初，对日、月、众星的运行尚未掌握其规则，对它们的位置也还未能度量测定；只是见到太阳主宰白昼，月亮支配黑夜，一昼夜而成为一日；太阳与月亮都从建星初度出发向东运行；月亮运行得快，太阳运行得慢，日、月相互追逐于 29 至 30 日之间，而太阳在此期间在天球上运行 29 度有余，但这些都尚无确切数值。于是观察到 365 日后太阳运行至最南端而使表影达到最长，第二天表影又开始变短。发现这表影达到最长的周期，每 3 个 365 日，就有 1 个 366 日，于是知道一年之长为 $365\frac{1}{4}$ 日，这就是回归年。在此期间月球东行了 13 周天又 134 度有余，可以估计出它每天东行 $13\frac{7}{19}$ 度，但尚未获得证实。于是又发现太阳东行 76 周天的时间内，月球恰东行了 1 016 周天，两者又重合于建星，将此月球东行的周天数，以同时间内太阳东行的周天数除之，得 $13\frac{7}{19}$ 度，则此即一日之内月球东行的度数。再将 76 年内的朔望月数（940）以 76除之，得 $12\frac{7}{19}$ 月，这就是一年中的月数。将周天度数以 $12\frac{7}{19}$月除之，得 $29\frac{499}{940}$ 日，这就是一个朔望月的日数。

（全文完）

参考文献及述评

原始文献

1.《周髀算经》，钱宝琮校点《算经十书》之第一种，中华书局 1963 年版。这是迄今最完善的版本，本书即采用这一版本。这是钱宝琮以《四库全书》本为基础，又吸收了此后顾观光、孙诒让两人的校勘成果，并参考其他各种版本，再加上钱氏自己的校勘所得而成。

2.《周髀算经》，南宋嘉定六年（1213）鲍澣之翻刻北宋元丰七年（1084 年）秘书省《算经十书》本。此翻刻本现仍藏上海图书馆。此本又有一影抄本，归于清宫，为天禄琳琅阁藏书，今存北京故宫博物院。

3.《周髀算经》，明万历胡震亨刻《秘册汇函》本。其中除赵爽、甄鸾、李淳风三家注之外，又增入唐寅注。此本现有上海古籍出版社 1990 年影印本，因而成为较容易获得之本。

4.《周髀算经》，清《四库全书》本。此系戴震据明《永乐大典》本（已失传）校订明刻本而成。由这一版本又衍生出武英殿聚珍本和孔继涵微波榭《算经十书》本两个系统（孔氏自序称微波榭本《周髀算经》系由"毛氏汲古阁所藏宋元丰京监本"而来，不可信，参见文献9），各有多种翻刻、翻印本。

5.《周髀算经》，商务印书馆《丛书集成》本（1937）。此系据武英殿聚珍本之排印本，也是《周髀算经》比较容易得到的版本之一。

研究文献

6. 李俨:《中算家之 Pythagoras 定理研究》,《学艺》1926 年第 8 卷第 2 号，页 1—27。

7. 高均:《周髀北极璇玑考》,《中国天文学会会刊》(1927),页 43—56。

8. 刘朝阳:《中国天文学史之一重大问题——〈周髀算经〉之年代》,《"国立"中山大学语言历史学研究所周刊》1929 年第 94—96 期合期，页 1—11。从正面解决《周髀算经》成书年代的现代尝试。

9. 钱宝琮：《〈周髀算经〉考》，《科学》1929 年第 14 卷第 1
期，页 7—29。又收入《钱宝琮科学史论文选集》，科学出
版社 1983 年版，页 119—136。考论《周髀算经》的版本、
校勘、成书年代等问题。

10. 钱宝琮：《中国数学中之整数勾股形研究》，《数学杂志》
1937 年第 1 卷第 3 期，页 94—112。文中特别指出，有人
将勾股定理改称"商高定理"，这样做"似非妥善"。

11. 章鸿钊：《禹之治水与勾股测量术》，《中国数学杂志》1951
年第 1 卷第 1 期，页 16—17。

12. 程纶：《毕达哥拉斯定理应改称商高定理》，《数学通报》
1951 年第 1 卷第 1 期，页 12—13。

13. 章鸿钊：《〈周髀算经〉上之勾股普遍定理："陈子定理"》，
《数学通报》1951 年第 1 卷第 1 期，页 13—15。

14. 章元龙：《关于商高或陈子定理的讨论》，《中国数学杂志》
1952 年第 1 卷第 4 期，页 45—47。

15. 魏凤岐：《商高定理的三个证明》，《数学通讯》1955 年第 7
期，页 32。

16. 钱宝琮：《盖天说源流考》，《科学史集刊》1958 年创刊号，
页 29—46。又收入《钱宝琮科学史论文选集》，页 377—

403。全面系统研究《周髀算经》中盖天学说的第一篇重要
文献，分析了盖天学说的结构和特点，并指出若干矛盾难
解之处。

17. 席泽宗：《盖天说和浑天说》，《天文学报》1960 年第 8 卷
第 1 期，页 80—87。

18. 张君达、邵令成：《从赵爽弦图的解析谈起》，《数学通讯》
1966 年第 2 期，页 41—47。

19. 陈遵妫：《中国天文学史》第一册，上海人民出版社 1980
年版。页 106—187 中有作者对《周髀算经》全书天文、数
学运算的疏解，并附有《周髀算经》全文（据商务印书馆
《丛书集成》本）。

20. 薄树人：《再谈〈周髀算经〉中的盖天说——纪念钱宝琮先
生逝世十五周年》，《自然科学史研究》1989 年第 8 卷第 4
期，页 297—305。对钱氏《盖天说源流考》一文中所谈到
的一些重要问题作进一步申论，并针对浑天说、盖天说优
劣之争，讨论了评价古人学说优劣的标准。

21. 程贞一、席泽宗：《陈子模型和早期对于太阳的测量》，《中
国古代科学史论·续篇》，京都大学人文科学研究所 1991
年版，页 367—383。

22. 金祖孟:《中国古宇宙论》，华东师范大学出版社 1991 年版。此书系多年论战文章的汇集，作者坚决主张盖天说优于浑天说——事实上要坚持这一观点极为困难，而对于《周髀算经》的真正价值，作者却又未能认识到，这导致作者在为此而发生的多年论战中难免激情胜于理性。

23. 江晓原:《〈周髀算经〉——中国古代唯一的公理化尝试》，《自然辩证法通讯》1996 年第 18 卷第 3 期，页 43—48。

24. 江晓原:《〈周髀算经〉盖天宇宙结构》，《自然科学史研究》1996 年第 15 卷第 3 期，页 248—253。

25. 江晓原:《〈周髀算经〉与古代域外天学》，《自然科学史研究》1997 年第 16 卷第 3 期，页 207—212。

后　记

在"中华经典通识"丛书中列入《周髀算经》，毫无疑问是正确的、必要的。但《周髀算经》是一部非常奇特的著作，所以我也不得不采用有点奇特的方法来处理它。

列入"中华经典通识"丛书中的所有其他品种，丛书的读者基本上都可以至少从字面上"读懂"原著的文本，但是《周髀算经》却不具备这样的属性——大部分读者无法从字面上读懂它，而且它的文本也完全缺乏阅读趣味。

在这种情况下，一个《〈周髀算经〉通识》的读者，假定他还是拿起了这本书，那他想干什么呢？我猜想——这个猜想是根据我和许多人士交往时得到的印象而形成的，他只是想翻一翻，了解一下这本非常著名的书究竟讲了些什么。

而这本《〈周髀算经〉通识》扮演的角色，就是一个讲解员。

但是这个讲解员和通常的讲解员有点不一样，因为他不想让这个难得到来的听众被《周髀算经》那些枯燥乏味的文本吓跑，他脑中回响着一句网文和通俗小说中常见的话——"说人话"！考虑到丛书中所有其他经典的文本都是用"人话"写成的，他当然想用"人话"来拉住这个听众，所以只能尽可能"掰开揉碎"了告诉他的听众，这书里面讲了哪些事情，那些事情有什么背景，有什么价值……

那么《〈周髀算经〉通识》这个讲解员的讲解，究竟可不可信？我可以向读者担保，肯定是可信的。

原因很简单，因为迄今为止，已出版的《周髀算经》唯一全书注释本、唯一全书白话译本，都出自我手。

江晓原

2025 年 3 月 22 日

于上海交通大学科学史与科学文化研究院